青少年科学调查体验活动

# 青少年科学调查体验活动指南

## 低碳生活

中国科协青少年科技中心 组编

科学普及出版社
·北 京·

图书在版编目（CIP）数据

青少年科学调查体验活动指南. 低碳生活 / 中国科协青少年科技中心组编. -- 北京：科学普及出版社，2021.12
ISBN 978-7-110-10404-0

Ⅰ. ①青… Ⅱ. ①中… Ⅲ. ①青少年—自然科学—调查—指南 Ⅳ. ① N8-62

中国版本图书馆 CIP 数据核字（2021）第 251927 号

| | |
|---|---|
| 策划编辑 | 许 倩 |
| 责任编辑 | 付晓鑫　杨 洋 |
| 封面设计 | 中文天地 |
| 责任校对 | 张晓莉 |
| 责任印制 | 徐 飞 |

| | |
|---|---|
| 出　　版 | 科学普及出版社 |
| 发　　行 | 中国科学技术出版社有限公司发行部 |
| 地　　址 | 北京市海淀区中关村南大街 16 号 |
| 邮　　编 | 100081 |
| 发行电话 | 010-62173865 |
| 传　　真 | 010-62173081 |
| 网　　址 | http://www.cspbooks.com.cn |

| | |
|---|---|
| 开　　本 | 710mm × 1000mm　1/16 |
| 字　　数 | 132 千字 |
| 印　　张 | 9.5 |
| 版　　次 | 2021 年 12 月第 1 版 |
| 印　　次 | 2021 年 12 月第 1 次印刷 |
| 印　　刷 | 北京荣泰印刷有限公司 |
| 书　　号 | ISBN 978-7-110-10404-0 / N・256 |
| 定　　价 | 49.80 元（全套二册） |

（凡购买本社图书，如有缺页、倒页、脱页者，本社发行部负责调换）

# 前言

青少年科学调查体验活动始于2006年，是由中国科学技术协会、中华人民共和国教育部、中华人民共和国国家发展和改革委员会、中华人民共和国生态环境部、中央精神文明建设指导委员会办公室和中国共产主义青年团中央委员会共同主办的面向中小学生的科技类综合实践活动。活动以简单的科学调查、科学探究为载体，帮助学生掌握科学调查研究的方法，鼓励他们关注身边的科学问题，培养他们热爱祖国和关心社会的意识。

青少年科学调查体验活动每年推出活动指南、资源包等活动资源，用以辅助教师和学生参与活动。学生可以通过网站选择感兴趣的主题，并以活动指南作为参考框架，通过考察记录、查阅文献、设计制作、实验验证、总结交流等方法，学习与主题相关的科学内容，并在此基础上获取科学数据，通过活动官网与全国的青少年分享。

在往年活动资源的基础上，2022年青少年科学调查体验活动重新开发推出了《低碳生活》《节约粮食》两个主题活动，主要围绕"植入低碳理念，关注气候变化，倡导节约资源、保护自然"和"弘扬中华民族传统美德，节约粮食、消除饥饿"展开调查体验。希望学校和老师鼓励学生积极参与，亲身经历科学调查研究的实践过程。活动指南中如有不妥之处，请大家批评指正。

中国科协青少年科技中心

2021年11月

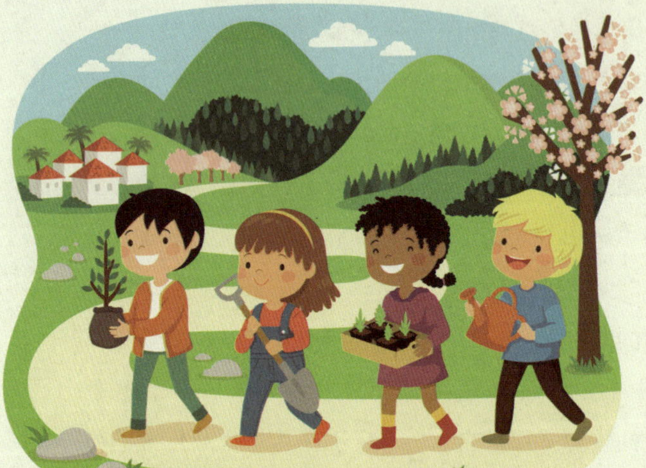

# 院士寄语

近百年来，地球正经历着以变暖为主要特征的显著变化，而且变化的速度和强度远远超出了人们的预期。气候变化对地球生态系统造成了显著的负面影响，使人类社会面临着诸多的困难和危机，如海平面上升、极端气候、海洋酸化等。应对气候变化不仅是国际社会的共识，也是当今影响最为深远的全球性环境问题。

引起气候系统变化的原因包括自然因素和人为因素。尽管煤、石油、天然气等化石能源的发现和利用促进了社会生产力的发展，使人类由农耕文明成功迈入工业文明，但是两百多年来，工业文明的进步同样也带来了严重的环境问题、气候问题和可持续性发展问题。许多的科学观测和研究显示：持续不断的人类活动致使大气中温室气体浓度升高，而温室效应是导致气候变暖的主因。

20世纪末，全世界已经开始就应对气候变化采取行动。人们正努力通过各种方式减缓温室气体的排放，包括能源转型、保护生态环境、在工业生产中进行碳捕集与封存、建立碳交易市场等，以实现"碳达峰"和"碳中和"的目标。从国际社会通过的1992年《联合国气候变化框架公约》，到1997年的《京都议定书》，再到2015年的《巴黎协定》，应对气候变化的全球化行动一直在持续。2021年11月2日，包括中国在内的一百多个国家宣布加入《关于森林和土地利用的格拉斯哥领导人宣言》，承诺到2030年停止砍伐森林，扭转土地退化。

我国是世界上最大的发展中国家，承担着全面落实联合国 2030 年可持续发展议程、用全球历史上最短的时间实现从碳达峰到碳中和的艰巨任务，这是挑战更是机遇。2020 年 9 月 22 日，习近平总书记在第七十五届联合国大会一般性辩论的讲话中指出："人类需要一场自我革命，加快形成绿色发展方式和生活方式，建设生态文明和美丽地球。"同时，他也指出："中国将提高国家自主贡献力度，采取更加有力的政策和措施，二氧化碳排放力争于 2030 年前达到峰值，努力争取 2060 年前实现碳中和。"这是中国向全世界做出的庄严承诺。今后二三十年将是我国建设生态文明的关键时期。实现经济、能源、环境、气候的可持续发展，需要全社会的共同努力，更需要我们这一代人担负起时代赋予的使命。

人类的任何行为都可能产生碳排放，大到工业生产，小到日常生活行为的点点滴滴。因此，"低碳"更是一种将环保意识融入日常行为的生活方式与生活态度。要最大限度地减少可能的能源消耗，需要我们从自身做起，从身边的小事做起，逐渐养成低碳的生活方式与习惯，例如在家的时候把不需要的灯和电源关上、将垃圾分类收集、去超市的时候带上购物袋、在出行的时候选公共交通、不浪费食物和日常用品等。

人与自然是一个生命共同体，尊重自然、保护生态环境，与自然和谐共生，才是建设美好家园、实现人类可持续发展的唯一途径。

中国工程院院士 贺克斌

2021 年 11 月

# 目录
## CONTENTS

前言 /1
院士寄语 /1
活动综述 /1

**活动一** 温室气体会怎样影响地球 /3
任务一 测试二氧化碳气体的保温作用 /5
任务二 温室气体排放现状调查 /9
任务三 当地平均气温调查 /12

**活动二** 如何通过改变日常行为实现低碳 /19
任务一 碳足迹计算 /22
任务二 一次性物品使用调查 /25
任务三 家庭零碳计划 /29
拓展任务 21天低碳打卡挑战 /32

**活动三** 如何利用植物光合作用实现低碳 /34
任务一 植物光合作用速率对比实验 /36
任务二 讲述生态故事 /42

**活动四** 如何利用碳捕集技术实现低碳目标　　　　　　／46

任务一　制作二氧化碳吸收模型　　　　　　　　　　　／48
任务二　考察低碳场所与企业　　　　　　　　　　　　／54

**活动五** 如何通过碳交易实现低碳目标　　　　　　　　　／57
任务一　碳排放核查清单　　　　　　　　　　　　　　／59
任务二　碳交易市场体验游戏　　　　　　　　　　　　／63
拓展任务　我是低碳宣传员　　　　　　　　　　　　　／69

# 活动综述

地球是人类赖以生存的家园，保护地球环境是全世界人人应尽的责任和义务。2020年，一场突如其来的疫情席卷了全球，短短一年多，全球因疫情而失去生命的已经超过400万人。疫情尚未结束，2021年的夏季，我国河南省又遭遇极端强降雨，郑州市一天的降雨量几乎是以往一年的量。与此同时，美洲的高温、欧洲的洪水，极端天气在世界各地频繁出现，这难道是大自然给人类的警示吗？

早在20世纪，科学家就已经开始关注地球气候的变化状况。资料显示，过去的100年间，地球正在经历着一次显著的、以全球变暖为主要特征的气候变化，而且速度和强度超出了人们的预期，并给全球带来了严重的或不可逆转的负面影响，包括海平面升高、冰川融化、生物多样性锐减，以及越来越频繁的极端天气等。目前的气候变化，科学家认为是近一个世纪以来因人类活动排放的大量温室气体滞留在大气中，浓度显著增加破坏了气候系统中原有的稳定和平衡所造成的。解铃还须系铃人，人类活动引发的问题，还得要人类自身来解决。我们需要在不影响社会经济发展的前提下找到应对方法和技术，使得大气中以二氧化碳为主体成分的温室气体总量得以控制或减少，从而减缓全球气候变暖的趋势，达到控制全球平均气温升幅的目的。

"低碳生活"主题活动从为什么要低碳、怎样实现低碳两方面出发，通过测试二氧化碳的保温作用、调查温室气体排放现状以及当地平均气温，来了解温室气体对地球的影响，进而理解为什么要低碳；通过改变行为方式减少碳排放、利用植物光合作用提高碳吸收、探究技术手段进行人为碳捕集、利用碳交易促进整体碳中和等不同层面的低碳方式，构建对气候变化、碳排放、碳捕集、碳中和、碳交易等科学概念的理解，从而认识到低碳是一种生活方式，养成节约资源、保护环境、减少污染的环保理念，建立人与自然和谐共生的社会理念。

围绕以上学习内容，"低碳生活"主题分为五大活动，每个活动又分为若干任务。"方法与步骤"中提供了任务的开展步骤，"科学工具箱"中提供了开展任务时可能需要用到的方法与工具，"科学资料"中提供了相关的阅读资料。同学们可以结合自身情况和实际条件，选择感兴趣的活动内容，根据任务要求，开展科学实践，积极思考与研讨，撰写科学研究报告，分享你们的发现与观点。

活动一 温室气体会怎样影响地球

活动二 如何通过改变日常行为实现低碳

活动三 如何利用植物光合作用实现低碳

活动四 如何利用碳捕集技术实现低碳目标

活动五 如何通过碳交易实现低碳目标

在活动中，希望同学们能运用系统思维认识我国坚定走绿色低碳发展道路的相关措施，理解人类应对气候变化所做出的努力；关注人类面临的全球性挑战，牢固树立尊重自然、顺应自然、保护自然的理念，理解人类命运共同体的内涵与价值，建设人与自然和谐共生的美丽家园；在活动中综合运用理性思维、批判精神看待问题，形成勇于探究、勤于反思、善于解决问题、恰当运用技术的良好习惯，树立社会责任、国家认同、国际理解的大局观。

让我们一起走进低碳活动，共创美好未来。

## 活动一 温室气体会怎样影响地球

地球被一个厚厚的空气层包裹着，这就是大气层，也被称为大气圈（图1.1）。大气层隔离了有害辐射使地球保持着适宜的温度，是地球上一切生命赖以生存的气体环境，也是人类的保护伞。有了它，地球才如此生机勃勃。

图1.1 地球大气层

地球大气层可分为对流层、平流层、中间层和热层，距地球最近的对流层内主要大气成分是氮气、氧气、二氧化碳、水蒸气等。来自太阳的电磁辐射穿过大气层才会到达地表，在这个过程中，大约有1/3的辐射直接被大气和地表反射回太空，剩余辐射则被地表吸收，并使地表增温，同时地面将以红外辐射的形式，再次向外释放能量。大气中的物质各有各的特性，其中一些能够吸收地面反射的红外辐射并重新发射辐射，进而使地球大气升温，就像给地球盖上了一层厚厚的棉被，人们把这些气体称为温室气体，二氧化碳便是大气中一种主要的温室气体。

除了二氧化碳，你还知道大气中哪些气体是温室气体吗？这些温室气体的增加是如何让地球越来越热的？温室气体排放量增多真的会导致全球变暖吗？让我们一起做个实验来验证我们的想法吧！

## 活动目标

### 小学

- 掌握对比实验方法，了解二氧化碳气体的保温作用。
- 科学搜集数据，理性看待全球温室气体排放与大气二氧化碳浓度之间的关系。
- 调查当地年平均气温与月平均气温变化趋势，并与全球气温变化之间建立联系。

### 中学

- 掌握并对比实验方法，了解二氧化碳的保温作用。
- 科学搜集数据，理性看待全球温室气体排放与大气二氧化碳浓度之间的关系。
- 调查当地年平均气温与月平均气温变化趋势，并与全球气温变化之间建立联系。
- 能够建立温室气体排放与全球气温变化的关系，从全球视野看待气候变化问题。
- 了解温室气体排放与气候变化的关联，关注人类面临的全球性挑战。

## 任务一 测试二氧化碳气体的保温作用

常温下的二氧化碳是一种无色无味的气体，图 1.2 是二氧化碳分子示意图。很多物质，如煤炭、石油、木材等在燃烧时都会放出二氧化碳。人和动物在呼吸时会吸进氧气、呼出二氧化碳，而植物则会利用二氧化碳产生氧气。很多物质在分解、发酵、腐烂变质的过程中也会释放二氧化碳。

图 1.2 二氧化碳分子示意图

作为大气中最主要的温室气体，二氧化碳能够吸收地表释放的红外辐射，减少地球能量的丧失，使地表保持在一定的温度。二氧化碳气体真能起到保温作用吗？让我们通过实验来测试吧！

### 方法与步骤

**材料与工具**

2 个塑料罐子（一样大小，直径约 10 厘米）
2 个气温计
小苏打
醋
记号笔
计时器

5

1. 准备2个一样大小的透明塑料罐，用记号笔在2个罐子上分别标注"醋+小苏打""醋"如图1.3所示；

2. 将温度计放入罐子里，保证温度计可以测量罐中空气的温度如图1.4；

3. 在每个罐子里加入约100毫升醋；

4. 用盖子或保鲜膜和橡皮筋牢固地密封"醋"罐；

5. 将约10克小苏打放入"醋+小苏打"的罐子里，用盖子密封；

6. 等待"醋+小苏打"罐子里的反应结束，两个罐子读取的气温数值稳定之后，将两个罐子同时放在阳光下，每分钟记录一次温度，记录30分钟，并将数据记录在表1.1中；

7. 将罐子拿到阴凉处冷却30分钟，每分钟记录一次温度数值，将数据记录在表1.1中。

图1.3 准备两个塑料罐，标上"醋+小苏打"和"醋"

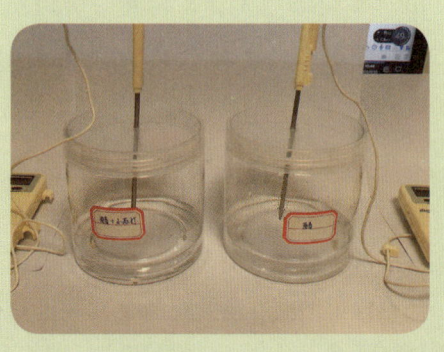

图1.4 将温度计放入罐子测量空气温度

## 科学工具箱

### 当醋遇上小苏打

小苏打是碳酸氢钠（$NaHCO_3$）的俗称，白醋的主要成分是乙酸（$CH_3COOH$）。小苏打和白醋混合后会发生剧烈的化学反应，产生很多无色气泡，即生成二氧化碳气体。

碳酸氢钠和乙酸的反应方程式为：

$$NaHCO_3 + CH_3COOH = CH_3COONa + CO_2\uparrow + H_2O$$

### 科学记录

**表 1.1　二氧化碳保温作用的实验数据**

年级：　　　　班级：　　　　记录人：　　　　记录时间：

(1) 装醋的罐子

| 阳光下 | 时间 / 分钟 | 1 | 2 | 3 | …… | | | |
|---|---|---|---|---|---|---|---|---|
| | 温度 /°C | | | | | | | |
| 阴凉处 | 时间 / 分钟 | 1 | 2 | 3 | …… | | | |
| | 温度 /°C | | | | | | | |

(2) 装醋和小苏打的罐子

| 阳光下 | 时间 / 分钟 | 1 | 2 | 3 | …… | | | |
|---|---|---|---|---|---|---|---|---|
| | 温度 /°C | | | | | | | |
| 阴凉处 | 时间 / 分钟 | 1 | 2 | 3 | …… | | | |
| | 温度 /°C | | | | | | | |

### 科学资料

#### 大气的温室效应

　　地球每天都在源源不断地接收来自太阳的电磁波形式的辐射能量。一般来说，温度越高最强辐射波长越短，温度越低最强辐射波长越长。太阳辐射最强波长平均约 0.5 微米，与地球的辐射相比要短得多，所以常把太阳辐射称为短波辐射。当太阳辐射通过大气层时，只有很少一部分能量被大气直接吸收，大部分都能透过大气到达地球表面，使地表增温。地球表面在接收太阳辐射增温的同时，向外释放长波辐射能量（最强辐射波长平均为 10 微米）。这些长波辐射的能量可以被大气吸收，使大气变暖。大气吸收了地面辐射后再向外散射，其中向下到达地面的部分补偿了地球表面因辐射所损耗的能量，使得地球表面不会因为辐射而失热过多。大气就像一件"保暖衣"一样，对地面起到了保温作用。大气的这种保温作用，类似于温室的玻璃，在让阳光射入的同时又把热量留了下来，因此被称为温室效应（图1.5）。

但是，并不是大气中所有的气体都具有保暖的作用，只有那些强烈吸收地球辐射并重新向外辐射的气体，才被称为温室气体。地球大气中的温室气体包括一些自然界中原本就存在的气体，如水汽、二氧化碳、臭氧、一氧化二氮、甲烷等，以及一些人为排放的气体。尽管所有的温室气体的总量加起来不到整个大气体积混合比的0.1%，但却能保持地球的温度，使之适宜生物的生长。

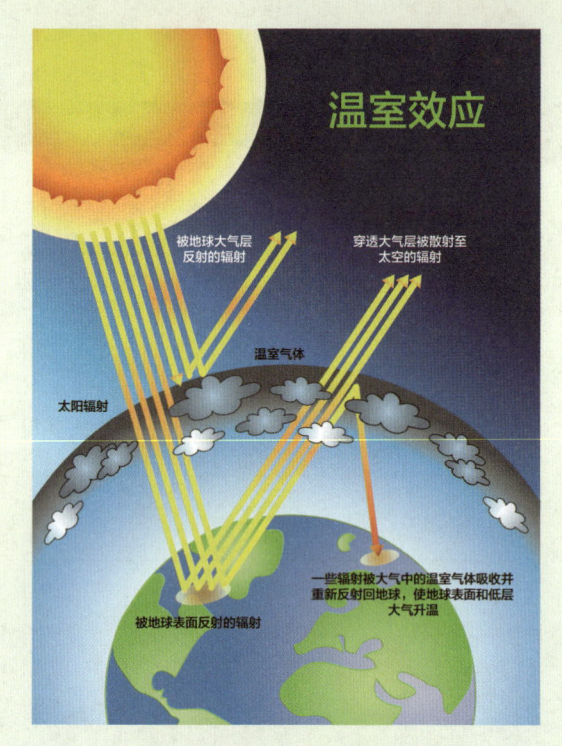

图1.5　温室气体产生的温室效应

## 交流与表达

描述实验过程中观察到的现象。说一说这个实验是如何模拟温室气体影响全球变暖的。想一想实验中这些罐子加热的速度有多快，冷却的速度有多快，能说明什么。如果想用模型模拟温室气体是如何影响地球和大气温度的，可以怎么做？

## 任务二　温室气体排放现状调查

地球大气中的温室气体可以分为两类：一类是大气中所固有的；另一类是完全由人类活动产生的，即人造温室气体。二氧化碳含量在人造温室气体中占比最高，且生命史最长，因此长期温室效应最为显著（图1.6）。人类活动造成的温室气体排放常被称为"碳排放"。

全球温室气体排放现状如何？大气中的温室气体浓度在持续增加吗？让我们通过调查来解开疑惑。

图1.6　二氧化碳的长期温室效果最为显著

### 方法与步骤

1. 浏览世界资源研究所（WRI）数据库网页，了解网页上可以提供哪些有关温室气体排放的信息。

2. 选择"数据"页面并进入气候观察平台，选择"数据浏览器（Data Explorer）"并通过"数据下载与研究（Download and Explore Data）"按钮进入数据调查页面。确认数据库为"CAIT"，"国家与地区（Countries and Regions）"选择"世界（world）"，调查近二十年来全球温室气体排放的情况及5—6个国家的温室气体排放情况，将调查到的数据填写在记录表1.2中。

3. 根据所得到的数据，选择合适的方法绘制全球或多个国家温室气体排放量的图表。

4. 浏览表1.3观察我国青海省瓦里关大气本底观测站提供的近20年每个月份大气二氧化碳浓度的测量数据。

5. 根据表1.3中的数据，计算二氧化碳年平均浓度，选择合适的作图方法绘制近20年大气二氧化碳浓度变化的数据图表。

## 科学记录

表 1.2　近 20 年不同国家温室气体排放量调查表

年级：　　　班级：　　　记录人：　　　记录时间：

温室气体排放量单位：$MtCO_2e$（百万吨二氧化碳当量）

| 年份 | 地区 | | |
|---|---|---|---|
| | 全球 | 中国 | …… |
| 1990 | | | |
| 1991 | | | |
| 1992 | | | |
| …… | | | |

表 1.3　我国青海省瓦里关温室气体全球本底观测站 2001—2020 年大气二氧化碳浓度测量数据[①]　单位：ppm

| 年月 | 1月 | 2月 | 3月 | 4月 | 5月 | 6月 | 7月 | 8月 | 9月 | 10月 | 11月 | 12月 |
|---|---|---|---|---|---|---|---|---|---|---|---|---|
| 2001 | 372.82 | 373.34 | 374.70 | 376.43 | 374.91 | 371.23 | 366.37 | 363.36 | 367.51 | 372.96 | 372.72 | 372.42 |
| 2002 | 374.36 | 374.98 | 375.50 | 377.16 | 377.01 | 372.02 | 366.19 | 366.25 | 370.15 | 372.21 | 373.18 | 374.80 |
| 2003 | 376.07 | 377.27 | 378.20 | 379.38 | 379.71 | 375.94 | 372.28 | 372.68 | 374.66 | 375.76 | 376.68 | 378.15 |
| 2004 | 378.85 | 379.92 | 382.25 | 383.61 | 380.07 | 374.55 | 374.67 | 374.52 | 374.36 | 377.90 | 379.24 | 380.24 |
| 2005 | 383.59 | 384.29 | 383.69 | 384.75 | 384.08 | 380.52 | 375.83 | 373.57 | 376.25 | 379.59 | 379.91 | 380.94 |
| 2006 | 382.78 | 383.45 | 385.23 | 387.08 | 385.49 | 381.44 | 377.87 | 377.81 | 379.70 | 381.20 | 381.86 | 383.59 |
| 2007 | 384.98 | 385.75 | 387.48 | 389.12 | 387.54 | 385.46 | 381.68 | 377.76 | 380.54 | 383.32 | 383.65 | 385.80 |
| 2008 | 387.66 | 388.24 | 389.78 | 391.06 | 389.42 | 384.84 | 381.34 | 381.51 | 383.71 | 385.48 | 386.29 | 386.77 |
| 2009 | 387.65 | 388.83 | 391.04 | 393.24 | 391.15 | 385.79 | 383.07 | 381.95 | 383.96 | 387.38 | 388.28 | 388.73 |
| 2010 | 390.34 | 392.16 | 393.25 | 394.48 | 393.10 | 388.86 | 386.77 | 385.90 | 387.77 | 389.57 | 389.54 | 391.19 |
| 2011 | 393.23 | 394.01 | 395.56 | 397.28 | 396.24 | 391.14 | 385.92 | 386.07 | 389.61 | 392.45 | 393.00 | 394.78 |
| 2012 | 397.90 | 398.72 | 398.15 | 398.33 | 397.70 | 393.19 | 387.88 | 387.64 | 391.55 | 394.79 | 396.34 | 397.61 |
| 2013 | 397.44 | 397.39 | 399.63 | 403.05 | 402.74 | 397.61 | 393.52 | 392.26 | 393.31 | 395.83 | 397.37 | 398.79 |
| 2014 | 399.00 | 401.34 | 404.93 | 404.22 | 402.14 | 398.39 | 393.32 | 391.81 | 394.93 | 398.15 | 399.33 | 400.00 |
| 2015 | 401.83 | 403.57 | 404.31 | 405.28 | 403.60 | 399.04 | 396.03 | 394.81 | 397.89 | 401.47 | 402.57 | 404.06 |
| 2016 | 405.41 | 405.85 | 407.97 | 409.90 | 407.87 | 402.14 | 398.67 | 401.05 | 403.01 | 404.80 | 406.95 | 407.45 |
| 2017 | 408.33 | 409.78 | 410.50 | 411.95 | 411.78 | 407.47 | 402.54 | 401.55 | 403.35 | 405.50 | 408.16 | 409.82 |
| 2018 | 410.56 | 411.11 | 411.99 | 414.51 | 411.89 | 405.59 | 404.79 | 406.44 | 406.63 | 409.16 | 410.18 | 410.63 |
| 2019 | 412.10 | 412.61 | 413.17 | 415.34 | 415.06 | 408.72 | 404.02 | 405.16 | 408.77 | 412.16 | 413.94 | 414.40 |
| 2020 | 415.09 | 415.71 | 417.07 | 418.80 | 418.25 | 412.86 | 406.69 | 406.86 | 413.02 | 416.64 | 416.79 | 416.09 |

① 该数据来源于世界气象组织的世界温室气体数据中心（WDCGC）

> 科学资料

### 碳 排 放

因为二氧化碳含量在人造温室气体中占比最高，且产生的温室效应最显著，所以温室气体排放一般指二氧化碳排放，简称为碳排放。

国际上，将给定时期内（如100年）单位质量某种温室气体排放对全球变暖的影响与二氧化碳的相比较来量化折算，记为二氧化碳当量（简称当量，符号 $CO_2e$），这样可以将不同温室气体的效应标准化。例如，根据政府间气候变化专门委员会（IPCC）第六次评估报告，在给定时期内（如100年），1吨甲烷产生的温室效果相当于29.8吨二氧化碳，即1吨甲烷的碳排放量记为29.8吨二氧化碳当量。在碳排放量数值较大时，也常使用百万二氧化碳当量（$MtCO_2e$）或亿吨二氧化碳当量（$GtCO_2e$）作为计量单位。

我们常说的"低碳生活""碳达峰""碳中和"等术语中的碳，实际上指的也是以二氧化碳为代表的温室气体，有时可狭义地理解为二氧化碳。

> 交流与表达

比较温室气体排放量的变化趋势与年平均二氧化碳浓度变化趋势，办一场辩论会，讨论国家行为与全球气候变化的关系，思考阻止气候变化、保护生存环境仅靠某个国家是否可行。

## 任务三 当地平均气温调查

随着人类工业活动的增多、生活能源消耗持续上升，全球极端天气出现频繁。2021年4月19日，世界气象组织发布的《2020年全球气候状况》报告指出，2011年至2020年是全球有器测记录以来最暖的10年。

全球变暖是真的存在吗？我们当地是否也存在同样的趋势呢？这一次，我们将通过对当地平均气温的调查，把当地与全球平均气温变化趋势进行比较，来分析全国的气温变化趋势。

### 方法与步骤

1. 利用校园气象站或使用气温计进行实地测量、记录1个月每天某一固定时间的气温，计算这1个月在这个时刻的平均气温。

2. 走访学校所处区县气象局，了解气象观测、气象档案等工作的开展方式。调查当地城市过去1年内每天的最高气温和最低气温，将获取的数据填在表1.4中，并计算出每月的月平均气温和该年度的年平均气温。

3. 利用计算机浏览中国天气网和中国气象数据网，了解网站上专业的气象信息，了解获取数据的方式。

4. 调查学校所处区县或市过去近10年的月平均气温数据，记录在表1.5中，并计算出每年的年平均气温。

5. 将所调查的近10年的年平均气温数据与同时段全球地表年平均温度数据相比较，并绘制成折线图。

## 平均气温

气象学上把表示空气冷热程度的物理量称为空气温度，简称气温。国际上标准气温度量单位是摄氏度（℃）和华氏度（℉）。气温是一个瞬时数据，表示某个时刻测量的气温是多少。如果要描述某一段时间的气温，就需要用到平均温度。1月份有31天，将每天的平均温度累加之和除以天数，就得到了月平均温度。而将月平均温度累加之和除以全年月份数，就得到了年平均温度。

通常，日平均气温可以采用"4个定时平均""日最高最低平均"或"24小时平均"等计算方法来计算。我国气象部门统一规定采用"4个定时平均"的方法，即把每天02时、08时、14时、20时4次测量的气温求平均得到日平均气温。除日平均气温之外，还有候（5天）、旬（10天）、月、年平均气温，用以表达不同时段气温的变化特点。

## 如何获得气象数据？

### 1. 在线查询

- 国家气象信息中心

国家气象信息中心，主要承担国内外气象观测数据和气象数据产品实时收集及分发，气象数据永久存档管理、气象数据产品研制、面向国民经济各相关行业提供数据共享服务等工作。数据服务对象涵盖政府部门、公益性用户、商业性用户在内的各类社会团体和公众用户。个人经过实名注册后，可以在线查询实时气温等气象数据。

- 中国天气网

这是中国气象局面向社会和公众、以公益性为基础的气象服务门户网站，实时提供数万个国内外城市、乡镇、景区、机场、海岛、滑雪场和高尔夫球场的气象信息和服务。目前，官网提供2009—2018年全国城市月平均气温数据，以及近一年的详细历史数据。

● 天气预报类工具软件

在"以用为主、开放共享"的基本原则下，相关企业通过获得国家气象信息中心数据使用的授权，开发出了直观的轻量级天气预报类工具，例如，天气网（www.tianqi.com）等。进入对应网址后，再进入历史天气页面，选择所在城市，就可以查到往年的历史天气信息。

## 2. 从当地气象部门获取

气象局是以天气预报、气候预测、人工影响天气、干旱监测与预报、雷电防御、农业气象等服务项目为主要工作的政府部门。全国气象部门（港、澳、台地区另计）设31个省、自治区、直辖市气象局，14个副省级市气象局（含4个计划单列市气象局，10个副省级省会城市气象局），318个地（市）气象局和2300个县（市）气象局（站）。气象局下设气象档案馆，专门负责气象资料的收集、保管、统计加工、整编出版、气候分析、评价和提供利用等工作。

我们可以从中国气象局官网"机构设置"选项中进入各地气象局官网，查询各地气象服务信息。

**科学记录**

表 1.4　当地近一年平均气温调查表

年级：　　　班级：　　　记录人：　　　记录时间：

| 日期 | 最高气温/°C | 最低气温/°C | 日平均气温/°C | 月平均气温/°C | 年平均气温/°C |
|---|---|---|---|---|---|
| 1月1日 | | | | | |
| 1月2日 | | | | | |
| 1月3日 | | | | | |
| …… | | | | | |
| 1月31日 | | | | | |
| 2月1日 | | | | | |
| …… | | | | | |
| 2月28日 | | | | | |
| …… | | | | | |
| …… | | | | | |
| …… | | | | | |
| …… | | | | | |

表 1.5　当地近十年平均气温调查表

年级：　　　班级：　　　记录人：　　　记录时间：

| 年份 | 月份 | 月平均气温/°C | 年平均气温/°C |
|---|---|---|---|
| | 1月 | | |
| | 2月 | | |
| | …… | | |
| | 12月 | | |
| | 1月 | | |
| | 2月 | | |
| | …… | | |
| | 12月 | | |
| | 1月 | | |
| | 2月 | | |
| | …… | | |
| | 12月 | | |
| …… | …… | | |

活动一　温室气体会怎样影响地球

## 科学资料

### 气温数据是怎么来的

气温是我们衡量天气状况的一个重要指标。为了科学地描述天气状态、为人们的生产、生活提供有效指导，科研人员收集了包括温度在内的一系列气象数据。

为了取得宝贵的气象资料，各国都建立了各类气象观测站，如地面站、探空站、测风站、火箭站、辐射站、农气站和自动气象站等。中华人民共和国成立以来，已建成类型齐全、分布广泛的台站网，台站总数达到2000多个。其中，温度主要由温度传感器实时收集，表示某个时刻测量的空气温度。相关部门会将一段时间内收集的数据进行统计处理，通过最高气温、最低气温、平均气温来描述一段时期的气温情况。图1.7是一处气象观测站。

图1.7 气象观测站

国家气象信息中心每天接收来自国内外主要台站的观测资料。这些天气资料经过日积月累，随时间的推移而成为气候资料。各级气象台科研人员利用收集来的大量数据（气温、相对湿度、风向和风速、气压等）对天气状况进行模拟分析，来预测未来天气状况，也就是天气预报。我们可以从国家气象信息中心、中央气象台、气象档案馆查询到需要的气温数据。

## 全球气温监测

分布于世界各地的气象观测站测量当地的实时气温数据。通过全球数据互享，国际专业气象机构收集并计算得出全球平均气温。这些国际专业机构包括世界气象组织（WMO）等。统计数据显示，全球气温基本上是以每10年0.2℃的增速在提高，2011年至2020年地表温度比工业革命时期上升了1.09℃，其中1.07℃的增温是人类活动造成的。表1.6是2001—2020年全球地表年平均温度。

表1.6　2001—2020年全球地表年平均温度[①]

| 年份 | 年平均温度 /°C | 年份 | 年平均温度 /°C |
| --- | --- | --- | --- |
| 2001 | 14.37 | 2011 | 14.47 |
| 2002 | 14.46 | 2012 | 14.48 |
| 2003 | 14.45 | 2013 | 14.51 |
| 2004 | 14.37 | 2014 | 14.58 |
| 2005 | 14.51 | 2015 | 14.73 |
| 2006 | 14.47 | 2016 | 14.85 |
| 2007 | 14.50 | 2017 | 14.76 |
| 2008 | 14.38 | 2018 | 14.68 |
| 2009 | 14.49 | 2019 | 14.81 |
| 2010 | 14.55 | 2020 | 14.85 |

根据表1.6中的数据，用双折线图的方式可以比较2001—2010年、2011—2020年两个10年全球年平均温度的变化趋势，见图1.8。

世界气象组织2019年发布的数据显示，2018年全球表面平均温度比1981—2010年平均值（14.3℃）高出0.38℃，位列2016年、2017年和2015年之后，为有完整气象观测记录以来的第四暖年份。过去5年（2014—2018

---

[①] 该数据编译于NASA全球气候变化专题网站中以1879年作为基准的相对年平均温差数据，1879年的年平均温度（即基准值）为13.83℃。

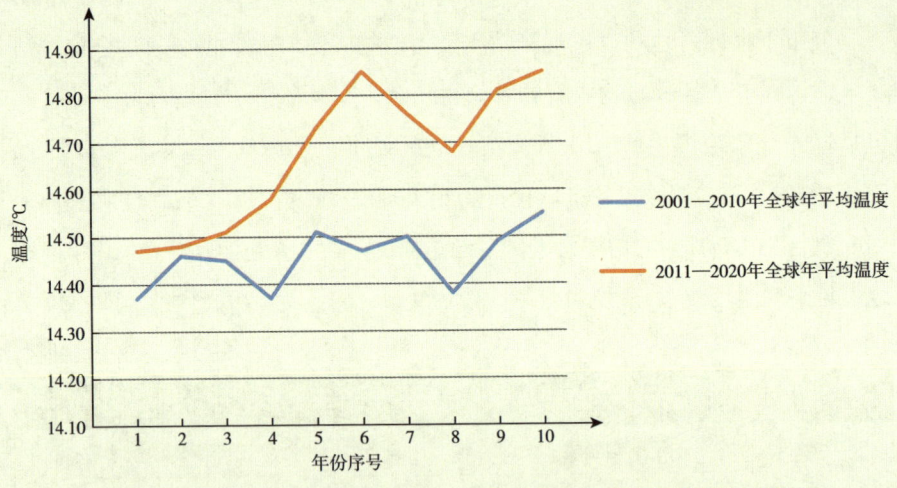

图 1.8　2001—2010 年和 2011—2020 年全球年平均温度折线对比图

年）是有完整气象观测记录以来最暖的 5 个年份；有现代气象观测记录以来的 20 个最暖年份均出现在过去 22 年中。

　　平凡的数据积累、长期的坚持不懈是气象工作者进行全球气温监测研究的关键。不论刮风下雨，气象工作者都会保持定时定点地监测气温，由此积累了详细、丰富的资料，在此基础上的气温数据分析也变得更为有意义。科学家还致力于改进测量的方法与工具，以提高测量的精度。精确的测量，实事求是的严谨科学态度，为科学家揭示全球气候变化的原因，找到应对气候变化的方法奠定了坚实的基础。

## 交流与表达

　　将各种方法获得的数据进行汇总与整理，比较当地城市平均气温变化与全球平均气温变化趋势，分析有哪些证据可以证明全球变暖趋势的存在，思考全球变暖有哪些危害。

## 活动二 如何通过改变日常行为实现低碳

在经历了150多年的工业化发展、大规模砍伐森林以及规模化农业生产之后，大气中的温室气体含量增长到了300万年以来前所未有的水平。随着人口的增长、经济的发展和生活水平的提高，人类活动所造成的温室气体排放（碳排放）总量也不断增加。而由此引起的气候变化在全球范围内造成了规模空前的影响，极端天气给我们的日常生产生活带来了诸多不便，天气模式的改变导致粮食生产面临威胁，海平面上升造成发生灾难性洪灾的风险不断增加，临海城市和国家面临巨大生存危机，全球生态已经失衡。

近几十年来，全球气候变化导致极端天气发生的频率和强度明显增加，国际社会逐渐对通过减排减碳应对全球气候变化达成共识，并在联合国框架下开展相关制度安排和行动计划的谈判。从1992年达成《联合国气候变化框架公约》，到1997年《京都协定书》，再到2016年正式签署的《巴黎协定》，这些共同奠定了全球应对气候变化的政治和法律基础。

控制二氧化碳排放总量，提出和实现"碳达峰"和"碳中和"目标对于应对全球气候变化具有重要意义。人类正努力通过不同的方式促成碳排放与碳吸收的持平，寻找解决问题的方法和途径。

**实现低碳的途径**

**01 改变生产与生活方式**
控制化石燃料使用量、提高能源转换效率、降低产品能耗、培养低碳的生活习惯等

**02 利用生态方式**
增加对二氧化碳的吸收和存储，如植树造林，保护生态环境，生物捕集实现碳汇

**03 利用技术手段**
在工业生产中进行碳捕集与封存，降低二氧化碳的排放

**04 利用经济手段**
建立碳市场交易，实现对碳排放的总体控制

低碳生活

我国作为全球第二大经济体和最大的发展中国家，经济和社会各行各业正呈现蒸蒸日上的发展态势，而这背后需要庞大的资源和能源支撑，大量资源和能源消耗的同时也会带来二氧化碳排放的进一步增加。但是，随着我国社会主义现代化建设的逐步完善，以及绿色低碳等创新技术的广泛应用，二氧化碳排放总量终将迎来下降的拐点，这就是我们的"碳达峰"目标。实现"低碳"，我们该怎么做？

"碳达峰"是指在某一时刻点，碳排放不再增长，达到碳排放的最高点即碳峰值。大多数发达国家已经实现碳达峰，碳排放进入下降通道。

"碳中和"是指国家和地区通过产业结构调整和能源体系优化，调控二氧化碳排放总量，最终实现二氧化碳在人类社会与自然环境内的产销平衡。一般来说是通过坚持节能减排战略、发展绿色低碳经济、增强森林碳汇等途径将人类社会产生的二氧化碳全部抵消掉，构建一个"零碳社会"。

排放　　　吸收

## 活动目标

### 小学

- 初步掌握调查、收集信息的方法。
- 认识到个人行为也能为碳中和做出贡献，有意识养成低碳行为习惯与方式。
- 养成节约资源、减少污染的环保理念，建立人与自然和谐共生的社会理念。

### 中学

- 掌握调查、收集信息的方法。
- 认识到个人行为也能为碳中和做出贡献，有意识养成低碳行为习惯与方式。
- 养成节约资源、减少污染的环保理念，建立人与自然和谐共生的社会理念。
- 理解国家相关政策对应对全球气候变化的意义。

## 任务一　碳足迹计算

除了工业活动大量产生碳排放外，现代生活中的日常行为也存在一定的碳排放。"低碳"其实离我们的生活并不遥远。它是一种将低碳意识、环保意识融入日常生活的态度。简单来说，就是在日常生活中，从自己做起，从小事做起，最大限度地减少一些可能的能源消耗。想一想、算一算，我们一天会消耗哪些物品，这些物品带来的碳排放是多少，一年的碳排放又是多少。

### 方法与步骤

1. 调查一天中会产生消耗的物品或行为，填写日常碳足迹统计表（表2.1）。
2. 利用碳足迹计算器计算一天产生的碳排放量，估算一年所产生的碳排放量。
3. 按碳排放量对这些行为和物品消耗进行排序，并按个人排放量绘制碳足迹。思考哪些行为或物品消耗碳排放量最显著，可以通过减少哪些日常消耗来减少碳排放。

### 科学工具箱

**碳足迹计算器**

碳足迹计算器主要是根据能源消耗量以及日常生活方式等来计算各项居家生活的碳排放，以便于量化日常碳排放行为。推荐查询使用在线的碳足迹计算器，登录网页后可直接使用。

**科学记录**

表 2.1　日常碳足迹统计表

年级：　　　　班级：　　　　记录人：　　　　记录时间：

| 序号 | 物品或行为 | 消耗量 | 碳排放量 | 是否可减少 |
|------|-----------|--------|---------|-----------|
|      |           |        |         |           |
|      |           |        |         |           |
|      |           |        |         |           |
|      |           |        |         |           |
|      |           |        |         |           |
|      |           |        |         |           |

一天的碳排放量为_____

估算一年的碳排放量为_____

注：(a) 不同物品消耗量按照碳足迹计算器的单位进行记录，如洗衣液单位用升（L）、食品单位用千克（kg）、用水量单位用立方米（m³）、用电量单位用度（kW·h）等。
(b) 一年按 365 天计算。

**科学资料**

## 碳　足　迹

碳足迹是指由个体、组织、事件或产品直接或间接产生的温室气体总排放量，用以衡量人类活动对环境的影响，简单描述就是指个人或企业、组织、集体的"碳耗用量"，用足迹的大小来衡量碳消耗量的多少。

碳足迹分为第一碳足迹和第二碳足迹。燃烧化石燃料直接排放二氧化碳产生第一碳足迹，例如飞机飞行需要燃烧燃料，会直接排放二氧化碳，从而增加了乘机人的第一碳足迹。生活中许多产品使用时并不造成直接的碳排放，例如使用塑料制品，但是生产和处理塑料的过程都会产生二氧化碳，因而会间接产生碳消耗，这种情况中的碳足迹被称为第二碳足迹。

确定碳足迹能为个体、组织、事件或产品改善减排状况设定基准线，让人们意识到应对气候变化的紧迫性。这是减少碳排放行为的第一步。比如，如果你用了100度电，那么等于你排放了大约78.5千克的二氧化碳。为了弥补这部分碳排放带来的影响，就需要种一棵树来抵消。

国际上，碳足迹以二氧化碳当量作为度量单位。联合国政府间气候变化专门委员会（IPCC）为统一度量不同温室气体对整体温室效应的效果，规定以二氧化碳排放量作为参考标准，将其他温室气体转化为二氧化碳排放量计算，度量单位记为二氧化碳当量。

## 交流与表达

在小组内分享交流，比较谁的碳排放量最多，思考哪些行为和物品消耗可以优化以减少碳排放。

## 任务二 一次性物品使用调查

在日常生活中，塑料袋等一次性物品为人们提供了便利。但一次性物品的大量使用，不仅造成了自然资源的极大浪费，产生了大量一次性垃圾，破坏了生态环境，其生产过程还需要消耗宝贵的石油资源，增加了碳排放。

在加强环境保护、坚持绿色可持续发展的理念下，我国连续发布限塑令着力打响环境保护守卫战。2007年12月31日，国务院办公厅发布《关于限制生产销售使用塑料购物袋的通知》，目的是为了限制和减少塑料袋的使用，遏制"白色污染"。2020年，国务院发布《关于进一步加强塑料污染治理的意见》，对塑料制品的生产销售提出了更具体的目标："到2020年底，率先在部分地区、部分领域禁止、限制部分塑料制品的生产、销售和使用。到2022年，一次性塑料制品的消费量明显减少，替代产品得到推广……"

当前，我们生活中还有哪些一次性物品在使用呢？从减排环保的角度来看，哪些一次性物品需要寻求更好的替代产品？让我们一起来调查分析。

### 方法与步骤

1. 观察身边的场所（学校、家、社区、公园等），找一找一次性物品都有哪些，记录在表2.2中。
2. 选择一个场所，实地调查一周内消耗的一次性物品，记录在表2.3中。
3. 利用碳足迹计算器、查阅科技部发布的《全民节能减排手册》或咨询专业人士等方法，估算这些一次性物品的碳排放。

## 科学记录

表 2.2　身边的一次性物品调查表

年级：　　　　班级：　　　　记录人：　　　　记录时间：

| 场所 | 一次性物品 | 用途 |
|---|---|---|
| 学校 |  |  |
|  |  |  |
|  |  |  |
|  |  |  |
| …… |  |  |
|  |  |  |
|  |  |  |
|  |  |  |
| …… |  |  |
|  |  |  |
|  |  |  |
|  |  |  |

表 2.3　一次性物品消耗调查表

年级：　　　　班级：　　　　记录人：　　　　记录时间：

| 时间 | 一次性物品 | 数量 | 单位碳排放 | 总碳排放 |
|---|---|---|---|---|
|  |  |  |  |  |
|  |  |  |  |  |
|  |  |  |  |  |
|  |  |  |  |  |
|  |  |  |  |  |
|  |  |  |  |  |
|  |  |  |  |  |
|  |  |  |  |  |
|  |  |  |  |  |
|  |  |  |  |  |
|  |  |  |  |  |
| …… | …… | …… | …… |  |

> 科学资料

### 一次性物品的危害

一次性物品是指只能使用一次、不可反复或多次使用的物品，一般为工业制成品。主要包括：一次性塑料袋、快餐盒、纸杯、卫生筷等，通常过多地使用这些一次性用品会破坏环境；另外一些是必须的一次性用品，如注射用针管，它们都会对环境造成一定程度的影响。

一次性物品的主要危害包括：

1. 资源消耗大

如一次性筷子，通常使用优质木材或竹子作为原料。我国每年生产一次性筷子近450亿双，年消耗木材约130万立方米。随着人们越来越习惯使用一次性用品，这些用品的消耗量也与日俱增，由此造成的资源消耗和浪费不容小觑。

2. 环境污染

一次性物品用起来方便，但也带来了环境污染问题。除了一次性物品本身的生产过程会污染环境，其回收处理过程同样也会产生污染。人们平常使用得最多的一次性塑料袋，不易降解，经填埋处理后仍需要数百年才能分解，而焚烧处理则会产生很多废气，污染空气。

人们随意丢弃的一次性物品进入生态圈后，有时会直接威胁动物们的生命，破坏生态平衡。每年因一次性吸管窒息的海龟等生物不计其数。

3. 卫生问题

一次性物品作为一种快速消费品，其价格成为大众选购的重要因素。由于行业进入门坎低、监管不严、缺乏严格的卫生标准和有效的市场监管体系等，制造企业良莠不齐，致使劣质廉价的一次性用品充斥市场，给大众的健康埋下了隐患。

### 交流与表达

观察一次性物品调查数据。哪种物品消耗量最多？哪种物品碳排放最多？小组讨论一下，说一说可以采取何种措施降低这些物品的碳排放。

分析调查结果，制作倡议书或宣传海报，在相应场所展示，呼吁大家一起从我做起，为全球低碳生活付出行动。

## 任务三 家庭零碳计划

现实生活中，我们每个人、每个家庭每天都直接或间接地在排放二氧化碳。尽管家庭生活无法做到完全不排放二氧化碳，但每个家庭都应从身边小事做起，精心安排用水、用电、用气等，节约每一滴水、每一度电、每立方米气，积极加入到"零碳家庭"的行动中来。只有这样坚持做下去，我们赖以生存的家园才会更好地服务于我们的生活。

### 方法与步骤

1. 结合任务一和任务二的调查方法，自行设计调查表统计一周内的家庭在衣、食、住、行、用等各方面的消耗，表2.4的形式可供参考。
2. 分析每种行为的低碳优化方式，例如利用废旧物品进行创造性改造利用。
3. 根据分析结果，制订一份家庭零碳计划，并实施一周，观测效果。

## 科学记录

表 2.4　家庭一周消耗统计表

年级：　　　　班级：　　　　记录人：　　　　记录时间：

| 序号 | 物品或行为 | 消耗量 | 碳排放 /kg | 是否可减少 |
|---|---|---|---|---|
|  |  |  |  |  |
|  |  |  |  |  |
|  |  |  |  |  |
|  |  |  |  |  |
|  |  |  |  |  |
|  |  |  |  |  |
|  |  |  |  |  |

## 科学资料

表 2.5 是日常家庭行为减排数据，可供参考。

表 2.5　日常家庭行为减排数据

| 序号 | 行　　　为 | 可减少的碳排放 /kg |
|---|---|---|
| 1 | 每人每年少买 1 件衣服 | 6.4 |
| 2 | 少搭乘 1 次电梯 | 0.218 |
| 3 | 少开空调 1 小时 | 0.621 |
| 4 | 少吹风扇 1 小时 | 0.045 |
| 5 | 少看电视 1 小时 | 0.096 |
| 6 | 少用 1 小时白炽灯 | 0.041 |
| 7 | 少开车 1 千米 | 0.22 |
| 8 | 少吃 1 次快餐 | 0.48 |

续表

| 序号 | 行　　为 | 可减少的碳排放/kg |
|---|---|---|
| 9 | 少丢 1 千克垃圾 | 2.06 |
| 10 | 少用 1 度电 | 0.785 |
| 11 | 少用 1 吨水 | 0.194 |
| 12 | 1 件衣服从烘干改为自然晾干 | 2.3 |
| 13 | 少用 1 千克洗衣粉 | 0.72 |
| 14 | 少用一个塑料袋 | 0.0001 |
| 15 | 减少 1 千克的包装纸 | 3.5 |

## 交流与表达

在小组内部，交流各自的家庭零碳计划的实施效果，并提出改进建议。

**拓展任务** 21天低碳打卡挑战

当下，低碳生活已经成为一种重要的生活方式。从具有低碳意识转变为实施低碳的生活方式，最重要的一步就是身体力行。那么，在日常生活中，我们可以从哪些具体行为做起呢？让我们一起挑战21天低碳打卡任务，在日常生活中贯彻低碳理念，养成良好的低碳生活习惯。

### 方法与步骤

1. 在任务三的"家庭零碳计划"中选择一个具体行为，以21天为一个周期自我践行。

2. 每天完成相应任务后，拍照保存并在表2.6中记录下来，并通过朋友圈等在线社交媒体进行打卡记录。

3. 建议打卡采用"青少年科学调查体验活动低碳生活"的话题形式，在一定范围内形成线上打卡圈互相监督，引导公众关注低碳生活。

**小提示**

同学们可以利用给出的打卡表进行记录，也可以根据实际需求自主设计打卡表。

为了更好地进行打卡挑战，可以在小组内或在家庭中，设定打卡成功奖励。

科学记录

表 2.6　21 天低碳打卡

年级：　　　班级：　　　记录人：　　　记录时间：

| 项　目 | 次　数 | | | | |
|---|---|---|---|---|---|
| | 1 | 2 | 3 | …… | 21 |
| 就餐光盘 | | | | | |
| 随手关灯 | | | | | |
| 收集废品 | | | | | |
| 使用公共交通工具 | | | | | |
| …… | | | | | |

活动二　如何通过改变日常行为实现低碳

交流与表达

　　小组成员相互交流打卡的心得体会和发生的故事，讨论打卡行为对自己的改变，说说自己是否会继续通过打卡践行其他低碳行为。

## 活动三 如何利用植物光合作用实现低碳

对于那些实在难以减少的碳排放，我们需要另辟蹊径来实现碳中和的目标。利用自然界中植物的光合作用（图3.1）就是个不错的办法，因为森林树木能通过光合作用吸收大气中大量的二氧化碳，从而减缓温室效应。

通过光合作用，森林能把吸收的二氧化碳转变为糖类、氧气和其他有机物，为自己提供最基本的物质和能量。这一转化过程能很好实现固碳效果。有关资料表明，森林面积虽然只占陆地总面积的1/3，但森林植被区的碳储量却几乎占到了陆地碳库总量的一半。

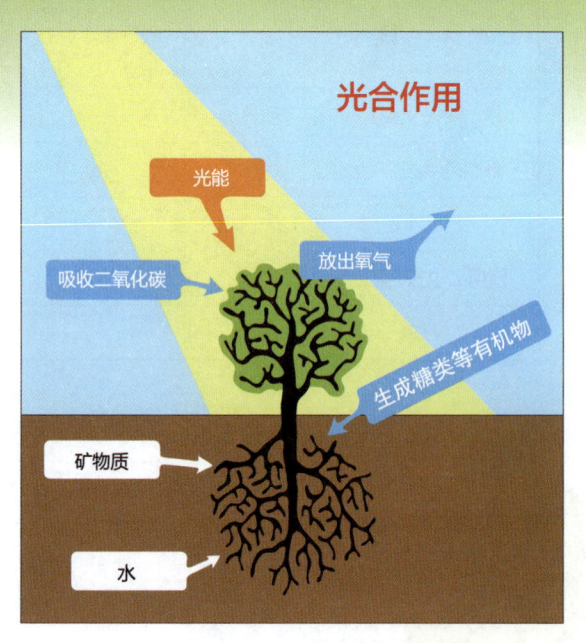

图3.1 绿色植物进行光合作用的过程

森林是二氧化碳的吸收器、贮存库和缓冲器。森林一旦遭到破坏，就会变成二氧化碳的排放源。农业、林业土地上其他植被的作用也与此类似。利用好生态、保护好生态，是固定大气中二氧化碳最经济且副作用最少的方法。每年的3月21日，是联合国设立的"世界森林日"，2021年的主题为"森林恢复：通往复苏和福祉之路"。

## 活动目标

### 小学

- 理解光合作用固碳的基本原理。
- 理解保护生态的重要意义。
- 从身边生态保护的具体事例中获取精神力量。

### 中学

- 理解光合作用固碳的基本原理。
- 理解保护生态的重要意义。
- 从身边生态保护的具体事例中获取精神力量，弘扬正能量。

活动三 如何利用植物光合作用实现低碳

## 任务一 植物光合作用速率对比实验

光合作用是绿色植物利用太阳光能将所吸收的二氧化碳（$CO_2$）和水（$H_2O$）合成有机物，并释放氧气的过程（图3.2）。同时，动植物在呼吸作用过程中，又从空气中吸入氧气，然后放出二氧化碳。

图 3.2　光合作用

光合作用不仅为植物本身提供了能量，还能释放大量氧气，这对实现自然界的能量转换，维持大气的碳－氧平衡有重要意义。

植物光合作用生成氧气的速率如何？影响因素有哪些？让我们通过实验一起来探究，由此对植物固碳方法进行预测并提出设想。

## 方法与步骤

### 材料与工具

透明塑料杯 4 个
量杯或一次性杯子
水
小苏打
不同类型树叶若干
白炽台灯
医用注射针筒、铝箔
记号笔
打孔器

### 准备工作

- 在 2 个透明塑料杯上标记"有小苏打"
- 在另 2 个透明塑料杯上标记"无小苏打"
- 在 300 毫升水中加入约 10 克小苏打，配置一杯小苏打溶液
- 在标记"无小苏打"的塑料杯中加入 300 毫升水
- 用打孔器在植物叶片上打孔，取 20 个同样大小的小圆叶片备用，如图 3.3

图 3.3　用打孔器在植物叶片上打孔

1.使用医用注射针筒将气体全部排空：将10个小圆叶片放入空的医用注射针筒里，把针筒的活塞往里推，尽量赶走针筒中的空气，注意不要损坏叶片，如图3.4。

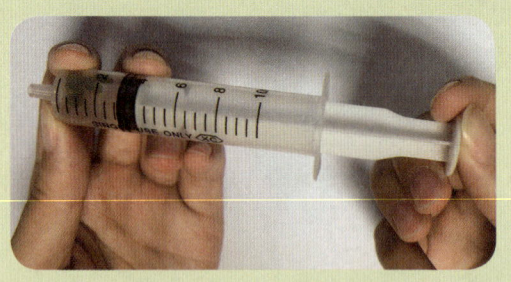

图3.4 用针筒将空气排空

2.用针筒吸入少许配制好的小苏打溶液，如图3.5。

图3.5 吸入配制好的小苏打溶液

3.慢慢推动活塞排出针筒里的空气，然后用手指堵住前端的针筒口，把活塞向外拉出一段，使针筒中形成一段真空，保持15—20秒，如图3.6。

图3.6 拉动活塞，使针筒中形成一段真空

4. 松开手指，观察小圆叶片是否沉到溶液底部。重复上一步直至所有小圆叶片都沉入底部。（注：不同植物的叶片重复次数会有所不同）

5. 将针筒里的小圆叶片和溶液一起倒入标记"有小苏打"的空杯里，并加入小苏打溶液（深度约 3 厘米即可），并用铝箔盖住杯子，放置在不见光的地方。

6. 选取另外 10 个同样的小圆叶片，用标记"无小苏打"杯子中的溶液重复步骤 1—4，直至所有叶片都沉入溶液底部。

7. 将这 10 个小圆叶片和溶液一起倒入"无小苏打"的空杯里，再加入水（深度约 3 厘米即可）。

8. 将两个分别装有 10 个小圆叶片的杯子放在白炽灯或阳光下照射，如图 3.7。如果发生光合作用，则叶片会被生成的氧气推动而飘浮起来。

9. 每隔 1 分钟记录 1 次漂浮的叶片数量，直到某个杯子中所有的小圆叶片都浮起来，如图 3.8。

图 3.7 把杯子放在灯下照射　　图 3.8 每隔 1 分钟记录 1 次漂浮的叶片数量

10. 选取不同类型植物叶片重复以上步骤，进行对比实验。仔细观察并用表格记录飘浮叶片的数量，感受其光合作用发生速率的不同，表 3.1 的形式可供参考。在同样时间内，漂浮起来的叶片越多，则说明该种植物叶片光合作用的发生速率越快。

**科学记录**

表3.1 植物光合作用发生速率对比实验

年级：　　　班级：　　　记录人：　　　记录时间：

| 时间间隔/分钟 | 验证实验 ||  对比实验 |||
|---|---|---|---|---|---|
| | 有小苏打的杯子（飘浮叶片的数量） | 无小苏打的杯子（飘浮叶片的数量） | 植物1 | 植物2 | 植物…… |
| 1 | | | | | |
| 2 | | | | | |
| 3 | | | | | |
| …… | | | | | |

**科学资料**

### 光合作用实现生物固碳

在大自然中，碳是一种很常见的元素。它以多种形式广泛存在于大气、地壳和生物之中。地球上岩石圈和化石燃料的含碳量约占地球碳总量的99.9%，是最大的两个碳库。它们之间的活动很缓慢，实际上起着储存库的作用。而大气、水和生物体中的碳，能在生物和无机环境之间迅速交换，虽然容量小但却十分活跃，因此大气圈、水圈和生物圈也是3个碳库，起着交换库的作用。其中，大气圈库与生物圈库的碳交换就是通过植物的光合作用完成的。

绿色植物从空气中获得二氧化碳，经过光合作用转化为有机物，经过食物链的传递，再被动物利用。动植物的呼吸作用把一部分碳转化为二氧化碳释放入大气，另一部分则在机体内被贮存利用。动植物死之后，残体中的碳会通过微生物的分解作用再次成为二氧化碳排入大气。实现这样一次碳循环约需 20 年。通过植树造林、森林管理、植被恢复等措施，利用植物光合作用吸收二氧化碳，并将其固定在植被和土壤中，这样的过程叫碳汇。

**交流与表达**

将实验数据绘制成图表，说一说你的发现，尝试解释所观察到的现象。用不同类型的植物叶片做实验时，它们光合作用发生的速率一样吗？有哪些因素会影响植物的光合作用？提出你的假设，再对实验中的各种因素进行改变和控制，重新设计实验，探索植物光合作用的奥秘。最后，根据探究结果，从生物固碳的角度说一说如何利用生态的方法实现低碳。

## 任务二 讲述生态故事

生态碳汇需要建立在良好的生态环境基础上。2007年，我国就明确提出了建设生态文明的目标，如今，我国的生态文明建设已经把可持续发展提升到绿色发展的高度，其中一项重要工作内容就是加大自然生态系统和环境保护力度，并从国家到地方到个人层层落实，取得显著成效，增强了全民环保意识、生态意识。

你的家乡生态环境如何？有没有生态保护区？当地是如何开展生态保护活动的？效果如何呢？

## 方法与步骤

1. 查阅中华人民共和国生态环境部官网及当地自然环境宣传资料，调查当地具有哪些宝贵的生态资源，如山、水、林、田、草等（其中水包括江、河、湖），是否存在相应生态保护区，是否存在某些特色生物（动物、植物/农作物等）。

2. 走访环保部门和附近居民，了解当地开展生态环境治理的系列举措。根据实际情况选定具体生态资源，走访相关养护单位、养护人员，了解生态资源保护措施及典型人物事迹。

3. 将调查获得的信息用表格的方式进行记录和梳理，可参考表3.2的样式。

4. 选取对你触动最深的人物或现象作为展示角度，撰写讲述文稿，并做成小视频，讲述当地的生态故事。

### 小提示

同学们可以利用给出的记录表梳理调查信息，也可以根据实际需求补充更多内容。

### 科学记录

表 3.2　当地特色生态资源调查

年级：　　　班级：　　　记录人：　　　记录时间：

| 生态资源类型 | 生态资源介绍 | 特色生物 | 保护/修复措施 |
| --- | --- | --- | --- |
| 山 | 南京紫金山 | 虎凤蝶 | |
| 田 | 黑龙江省大庆市肇州县肇州镇基本农田保护区 | 水稻、小麦 | |
| | | | |
| | | | |
| | | | |

> 科学资料

## 生态环境保护相关的重大建设工程

2015年10月,中国政府明确提出实施近零碳排放区示范工程。近零碳排放区示范工程推动绿色低碳循环发展产业体系建设,允许采用碳汇等抵消机制,努力达到总的"净排放"(即碳源减去碳汇)接近于零。

2016年,财政部、原国土资源部和原环境保护部联合发文,推进山水林田湖生态保护修复工程。工程指出山水林田湖生态保护修复工作包括:(一)实施矿山环境治理恢复;(二)推进土地整治与污染修复;(三)开展生物多样性保护;(四)推动流域水环境保护治理;(五)全方位系统综合治理修复。

2017年,中央全面深化改革领导小组第三十七次会议又将"草"纳入山水林田湖同一个生命共同体。山水林田湖生态保护和修复工程正式升级为山水林田湖草生态保护修复工程。

2018年,国务院提出打响蓝天、碧水、净土三大保卫战,深入实施大气、水、土壤污染防治行动计划,统筹开展全国生态保护与修复,全面划定并严守生态保护红线,提升生态系统质量和稳定性。

## 生态保护红线

生态保护红线是指在生态空间范围内具有特殊重要生态功能、必须强制性严格保护的区域,是保障和维护国家生态安全的底线和生命线,通常包括具有重要水源涵养、生物多样性维护、水土保持等功能的生态功能重要区域,以及水土流失、土地沙化等生态环境敏感脆弱区域。

划定并严守生态保护红线,将提升生态系统服务功能、保障人居环境安全、保护生物多样性、促进经济社会发展。生态保护红线内禁止进行大规模高强度的工业化和城镇化开发,禁止各种不利于生物多样性保护的活动和生产方式,可在一定程度上缓解水土流失、生物生境破碎化等问题,推动生态环境质量的全面改善与提升,使生态系统服务功能显著增强。

## 我国生态文明建设的核心理念

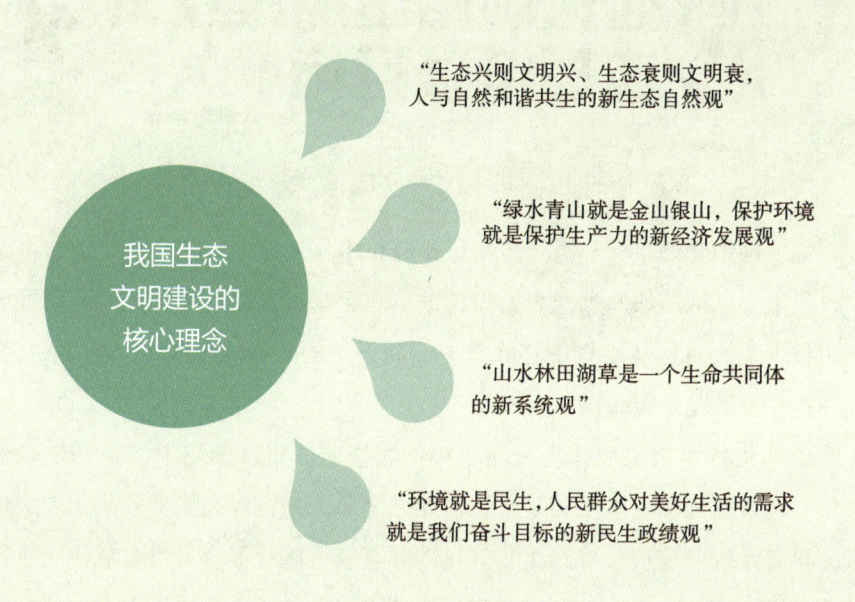

- "生态兴则文明兴、生态衰则文明衰，人与自然和谐共生的新生态自然观"
- "绿水青山就是金山银山，保护环境就是保护生产力的新经济发展观"
- "山水林田湖草是一个生命共同体的新系统观"
- "环境就是民生，人民群众对美好生活的需求就是我们奋斗目标的新民生政绩观"

### 交流与表达

汇总活动小组所有成员的调查结果，将政府部门开展生态环境治理的宏观举措与养护单位、人员的具体做法相联系，将当地的特色生态资源信息，上传到社交平台上展示。

## 活动四 如何利用碳捕集技术实现低碳目标

实现碳中和的目标,需要应用负排放技术从大气中移除二氧化碳并将其储存起来,以抵消那些难减少的碳排放。除了基于自然的方法,人们还可以利用技术手段直接从空气中移除碳或控制天然的碳移除过程以加速碳储存。这种技术手段就是碳捕集。

碳捕集技术目前大体上分为3种:燃烧前捕集、燃烧中捕集和燃烧后捕集。燃烧前捕集技术主要是在燃料煤燃烧前,先将煤高压富氧气化变成煤气,再经水煤气变换后将产生二氧化碳和氢气,此时很容易对二氧化碳进行捕集。燃烧中捕集主要是利用富氧燃烧技术,做法是先将空气中占比高的氮气去除,然后直接用高浓度氧气与部分烟气的混合体代替空气,这时获取的二氧化碳浓度高,易被捕获。燃烧后捕集是将燃料煤燃烧后产生的烟气中分离出二氧化碳。碳捕集之后,还需要对捕集到的二氧化碳进行妥善处理防止其再进入大气中,处理的方式有封存或再利用。这一整套技术统称为碳捕集、利用与封存技术(CCUS技术)。

捕集到的二氧化碳经过处理后可以送到碳酸饮料工厂生产环节中再次使用。多余的二氧化碳则需要选择合适的地点进行封存,一般会注入距离地面至少800米的地下岩层,在这样的深度下,压力能将二氧化碳转换成"超临界流体",使其不易泄漏,也可注入废弃煤层和天然气、石油储层等,达到埋存二氧化碳和提高油气采收率的双重目的。碳捕集技术本身就要消耗一定能源,实际应用中也有一定局限性。目前碳捕集技术应用的主要固定排放源包括水泥和钢铁生产、化石燃料制氢、垃圾焚烧和发电等行业。

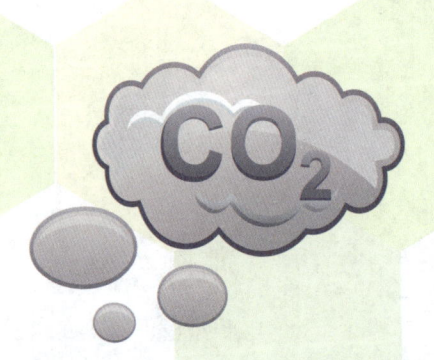

## 活动目标

### 小学
- 通过模型制作活动，了解碳捕集技术的基本原理。
- 通过参观走访，认识当地低碳场所/企业中的新型低碳技术。

### 中学
- 通过模型制作活动，了解碳捕集技术的基本原理。
- 通过参观走访，认识当地低碳场所/企业中的新型低碳技术。
- 能够通过查阅资料、参观走访、专家咨询等方式，对低碳技术有新的认识。

活动四 如何利用碳捕集技术实现低碳目标

## 任务一 制作二氧化碳吸收模型

碳捕集技术的基本过程是通过吸收装置将混合气体中的二氧化碳吸收固定，再通过解吸装置分离出二氧化碳，从而进行再利用或封存。其中，最核心的环节是将二氧化碳从混合气体中分离出来。这个过程是如何实现的呢？我们通过制作一个吸收装置模型来体验基本原理。

### 方法与步骤

**材料与工具**

钙石灰（图4.1）
吸收装置
小苏打
白醋
气球
蜡烛
矿泉水瓶
电子秤

图4.1 钙石灰

1. 用电子秤称取 25 克小苏打装入气球中，在矿泉水空瓶中倒入 400 毫升白醋。将装有小苏打的气球套在瓶口上。注意，先不要让小苏打掉进瓶中（图 4.2）。

图 4.2　将小苏打装入气球，在空瓶中倒入白醋

2. 将气球中的小苏打倒入瓶中（图 4.3），用气球收集生成的二氧化碳气体（图 4.4）。注意要确保瓶口连接紧密不漏气。待完全反应后取下气球，扎好气球口。

图 4.3　将小苏打倒入瓶中　　图 4.4　用气球收集二氧化碳气体

活动四　如何利用碳捕集技术实现低碳目标

3. 组装吸收装置（图 4.5），在吸收装置中装入一定量钙石灰。图 4.5 中的吸收装置仅供参考，也可利用身边常见材料自行设计和制作吸收装置。

图 4.5　组装吸收装置

4. 将装有二氧化碳气体的气球与吸收装置一端接口紧密连接，缓慢放出二氧化碳气体，观察该装置中钙石灰的变化，以及反应过程中发生的现象（图 4.6）。注意钙石灰发生反应时，会产生一定热量。实验时要注意避免钙石灰与水接触，且不能用手直接触摸反应部位和出气口。建议佩戴橡胶手套和护目镜，防止受伤。

图 4.6　将气球与装置紧密连接，观察反应现象

5. 利用步骤 1—4 的方法重新制作一个二氧化碳吸收装置，并在吸收装置的另一端放置一个点燃的蜡烛（图 4.7）。如果二氧化碳被吸收，则蜡烛会继续燃烧；如果二氧化碳未被大量吸收，则会聚集在蜡烛周围，导致其熄灭。从释放二氧化碳开始计时，测试蜡烛保持燃烧的时间，观察装置中发生的现象（图 4.8）。

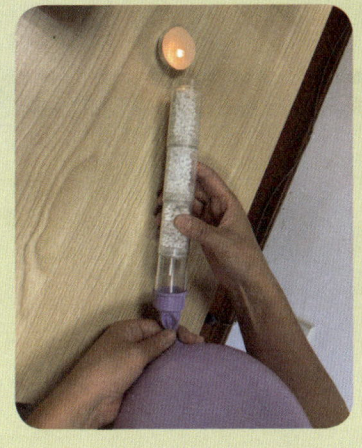

图4.7 重新制作吸收装置，在一端放上点燃的蜡烛

图4.8 观察装置中发生的现象

6. 利用上述方法，完成下面这个工程挑战任务。将制作过程测试数据记录在表4.1中。尝试多种解决方案，也可多次改进方案，比一比哪个设计方案更有成效。

## 工程挑战任务

设计制作一个能尽可能多且快地吸收二氧化碳的装置。

### 具体要求

- 参考步骤1—2收集二氧化碳气体，使测试中初始二氧化碳气体量较为固定。
- 装置必须设置进气口和出气口，将装有二氧化碳气体的气球与进气口紧密连接，并在出气口放置一个点燃的蜡烛。装置大小必须控制在30厘米×30厘米的范围内。
- 装置中最多使用100克钙石灰。
- 在1分钟内所有二氧化碳气体全部释放进吸收装置。
- 测试出气口蜡烛燃烧时间。
- 尽可能使用较少的钙石灰使蜡烛燃烧更长的时间。

活动四 如何利用碳捕集技术实现低碳目标

51

低碳生活

### 科学记录

**表 4.1　二氧化碳吸收装置测试记录**

年级：　　　班级：　　　记录人：　　　记录时间：

| 二氧化碳制备量 | 次数 | 吸收剂重量/克 | 吸收装置图 | 装置说明 | 蜡烛燃烧持续时间/分钟 |
|---|---|---|---|---|---|
| 小苏打：25 克<br>白醋：400 毫升 | 1 | | | | |
| | 2 | | | | |
| | 3 | | | | |
| | …… | | | | |
| 分析与评价 | 哪种配制方法能达到最佳效果？这种装置的优势是什么？你是如何做到的？ | | | | |

### 科学资料

### 钙 石 灰

钙石灰外形为颗粒状、几乎无粉尘，具有安全无腐蚀性等特点。钙石灰的主要成分为氢氧化钙[$Ca(OH)_2$]和水，含有少量氢氧化钠、氢氧化钾等。氢氧化钙能够吸收二氧化碳生成碳酸钙和水：

$$Ca(OH)_2 + CO_2 = CaCO_3\downarrow + H_2O$$

利用氢氧化钙吸收二氧化碳这一化学特性，临床医学上将钙石灰用于氧气呼吸器或隔绝呼吸器中吸收人体呼出的二氧化碳。同时，人们也常在深海潜水和水下作业中将其作为干燥剂和二氧化碳吸附剂使用。

常用的医用钙石灰有两种型号，分别添加了不同的佐剂，使得吸收二氧化碳后呈现不同的颜色变化：一种是由白色变为紫色，一种是红色变为淡黄色。钙石灰吸收二氧化碳的反应过程会逐渐消耗其中的有效成分，因此通过外观观察其颜色变化，能及时判断有效成分的消耗情况。一般来说，当观察到半数钙石灰变色时，说明二氧化碳吸收已饱和，需要更换新的钙石灰。

## 交流与表达

1. 与小组成员一起分析实验结果，尝试提出更高效的二氧化碳吸收模型的制作方法。

2. 听取其他小组的做法，讨论其方案的优点与不足，与这些小组进行交流。

3. 听取其他小组对你们所提供方案的想法，与这些小组进行交流和讨论。

4. 查阅资料，了解碳捕集技术中其他吸收分离二氧化碳的方式，尝试利用制作模型的方式，展示其基本原理。

## 任务二 考察低碳场所与企业

在积极应用碳捕集技术的同时，现代企业更加追求绿色、低碳发展理念。2022年北京冬奥会筹备过程中，绿色办奥运成为办奥运理念之首，全部冬奥场馆优先使用风力发电、光伏发电等技术生产的绿色电力。2022年2月，北京冬奥会的全部场馆实现了城市绿色电网全覆盖，场馆的照明、运行和交通等用电均由张家口的光伏发电和风力发电提供。2022年冬残奥会结束时，冬奥会场馆消耗绿电约4亿度，减少标煤燃烧12.8万吨，减排二氧化碳32万吨。

同学们，你们当地是否也有这样的低碳场所或是低碳技术企业？它们是如何利用技术减少碳排放的？请走出校门，通过参观、走访等形式了解相关企事业单位技术人员在低碳减排方面所做出的努力。你们也可以走进当地的科技馆，寻访低碳技术、绿色发展的踪迹。

### 方法与步骤

**1. 预调研明确调查对象**

通过查阅当地新闻报道或咨询老师、家人和朋友，了解当地有哪些低碳场馆或低碳技术企业。通过官网或电话，提前了解与低碳相关的专题活动，并选择其中1—2个场所预约参观时间。

**2. 准备调查问题**

围绕低碳主题，准备好想要交流的问题，在参观时有针对性地进行沟通。

## 3. 实地参观

实地参观了解低碳技术相关的展览或实验室，了解技术人员在低碳方面的研究成果。如果是生产类企业，可进一步了解其在减排方面采用的相关措施。

## 4. 整理调查结果并总结

同学们可以将考察结果填写在调查表中，也可以自行设计调查表，表4.2的形式可供参考。分析调查结果，用擅长的方式进行总结。建议实地参观/考察时，提前与参观单位确认是否可以通过拍照、录音等形式做记录。

### 科学记录

表 4.2  低碳技术实地调查表

年级：　　　　班级：　　　　记录人：　　　　记录时间：

| 我想了解的问题 | （问题示例）<br>主要采用了哪种低碳技术？<br>低碳是如何实现的？技术难点是什么？<br>低碳效果如何？<br>该低碳技术可以推广吗？ |
|---|---|
| 参观地点 |  |
| 成果形式 |  |
| 低碳技术 |  |
| 我的感受 |  |

活动四　如何利用碳捕集技术实现低碳目标

低碳生活

**交流与表达**

根据调查结果，用流程图的方式形象地展示低碳技术实施的基本过程，在小组内分享。小组讨论交流整个参观、考察中的收获，通过作文、考察报告、媒体报道等多种形式进行交流分享。

## 活动五 如何通过碳交易实现低碳目标

2021年7月16日，我国全国统一的碳排放权交易市场正式启动，交易中心落地上海，碳配额登记系统设在湖北省武汉市。这可是我国在推进经济社会全面绿色转型过程中的一件大事。

所谓碳交易，指的是碳排放权交易，换句话说，是将二氧化碳排放权作为商品进行交易的市场机制。进行碳交易的市场就是碳市场。交易前会由政府先确定当地减排总量，然后再将排放权以配额的方式发放给企业等市场主体。例如，某用能企业每年的碳排放配额为1万吨，如果企业进行技术改造，减少了污染排放，每年碳排放量降低为8千吨，那么多余的2千吨就可以出售。而其他用能企业因为扩大生产需要，原定的碳排放限额不够用，则可以购买。这样一来，虽然是有买有卖，但排放总量仍被控制在指标范围之内。对高耗能企业来说，通过碳交易能够节约减排成本完成履约，而对新能源企业来说，节能减排方面所做的努力可以直接转化为收益。

谁能参与交易呢？因为发电烧煤产生的温室气体排放量最大，所以现阶段碳交易最先从发电行业启动，总计两千多家发电企业和自备电厂，被首批

### 科学工具箱

**碳排放履约**

碳排放履约是一种具有法律效力的约定。在碳交易体系中，每个市场主体获得一定量的碳排放配额，表示碳排放量不得超过该配额值。如果在履约周期内，碳排放量小于等于配额制，则该企业完成履约责任；如果碳排放量超出配额值则必须购买相应的碳排放量来抵消，否则将承担违约责任（通常是高额罚款）。

纳入全国碳排放配额管理，个人暂时还无法参与碳交易。下一步，我国还将继续扩大全国碳市场行业覆盖范围，丰富交易品种和交易方式。

此前，我国提出二氧化碳排放力争于2030年前达到峰值，努力争取2060年前实现碳中和，作为落实这一愿景的核心政策工具之一，2021年全国碳市场的正式上线，不仅将促进企业低碳发展，全面加速中国"碳达峰""碳中和"进展，还将提高我国在国际碳定价体系中的领导力。

目前，全国碳市场第一个履约周期（2021年1月1日至12月31日）预分配额已完成下发，最终核定配额和覆盖温室气体排放量都将超过40亿吨。至此，我国一举超过了欧盟，成为全球规模最大的碳市场。

那么，你知道碳交易是如何进行的吗？如何确定控排企业完成碳排放履约责任？通过本活动的探究，带你一起来体验。

## 活动目标

### 小学

- 初步理解企业参与碳交易的基本过程。
- 认识碳交易对于碳中和的重要意义。
- 能结合实际感受，积极传播低碳理念。

### 中学

- 理解企业参与碳交易的基本过程。
- 从宏观层面理解碳交易对于碳中和的重要意义。
- 能结合实际感受，积极传播低碳理念。
- 认识到人类应对气候变化所做出的努力。

## 任务一 碳排放核查清单

企业作为市场主体参与碳交易，需要提前进行注册登记报备，并在履约周期结束时，提交碳排放盘查清单，由第三方专业机构核查确定是否完成履约。核查的目的就是检查碳排放量是否超标。

那么，企业碳排放量是如何监控和计算的呢？2021年5月，生态环境部正式出台《碳排放权登记管理规则（试行）》《碳排放权交易管理规则（试行）》和《碳排放权结算管理规则（试行）》，对于控排企业碳排放监控和计算问题做出了详细的规定。

简单来说，企业碳排放按排放源主要考察两个方面：直接排放和间接排放。其中直接排放包括直接燃烧各种燃料，如煤、石油、天然气、柴油等的排放量，由燃料消耗量决定；生产过程排放是生产环节的一些特殊化学反应，导致生成二氧化碳、甲烷等温室气体，由生产原料消耗量决定。间接排放是指从电网和集体供暖外购的电力热力，由耗能多少决定。

根据企业的碳排放核查方法，可以将家庭看成是一个小微企业。通过盘查家庭中的碳排放量，可以初步体验企业碳排放核查的基本过程。这是参与碳交易的重要环节。

### 方法与步骤

1. 调查家庭常用设备，分析它们分别消耗的能源类型，记录在表5.1中。
2. 针对家庭中消耗电能的设备，查看电表，统计一个月内家庭电能消耗量，记录在表5.2中。如果家庭中有太阳能板发电设备等，可以将此项电

低碳生活

能补充到表中，表示抵消。

3. 所有电能消耗都要保留好相关凭据，例如可以用缴费收据、照片等形式保留凭证。

4. 根据消耗电能与碳排放量的比例关系，计算出相应的碳排放量。

### 科学记录

**表 5.1　家庭消耗能源类型调查表**

年级：　　　班级：　　　记录人：　　　记录时间：

| 序号 | 电器/设备 | 能源类型 |
| --- | --- | --- |
| 1 | 例如：汽车 | 汽油 |
|  |  |  |
|  |  |  |
|  |  |  |

**表 5.2　家庭电能消费碳排放核查表**

年级：　　　班级：　　　记录人：　　　记录时间：

| 序号 | 电器设备 | 电能消耗量/度 | 对应碳排放量/千克 | 凭据清单 |
| --- | --- | --- | --- | --- |
|  |  |  |  |  |
|  |  |  |  |  |
|  |  |  |  |  |

注：消耗一度电对应的碳排放量大约为 0.785 千克。

**科学资料**

## 碳排放量计算

在生产活动中,各种能源消费会产生大量污染气体,特别是温室气体。根据能源消费导致的直接碳排放的计算公式,政府间气候变化专门委员会(IPCC)提出碳排放系数概念,用以简便估算宏观碳排放量。碳排放系数是指每一种能源燃烧或使用过程中单位能源所产生的碳排放数量。一般认为,在使用过程中某种能源的碳排放系数是不变的。例如,燃烧无烟煤时,每万亿焦耳热量会排放94.44吨二氧化碳(表5.3)。

表5.3 化石燃料碳排放系数[1]

| 能源种类 | 单位热值含碳量 (tC/TJ) | 碳氧化率 (%) | 单位热值碳排放系数 ($tCO_2$/TJ) |
| --- | --- | --- | --- |
| 无烟煤 | 27.4 | 0.94 | 94.44 |
| 烟煤 | 26.1 | 0.93 | 89.00 |
| 褐煤 | 28.0 | 0.96 | 98.56 |
| 炼焦煤 | 25.4 | 0.98 | 91.27 |
| 原油 | 20.1 | 0.98 | 72.73 |
| 燃料油 | 21.1 | 0.98 | 75.82 |
| 汽油 | 18.9 | 0.98 | 67.91 |
| 柴油 | 20.2 | 0.98 | 72.59 |
| 液化石油气 | 17.2 | 0.98 | 61.81 |
| 天然气 | 15.3 | 0.99 | 55.54 |

注:
- tC 为碳的质量单位,表示吨碳
- $tCO_2$ 为二氧化碳的质量单位,表示吨二氧化碳
- TJ 为热量单位,表示万亿焦耳

---

[1] 该数据来自国家发展改革委气候司编制《省级温室气体清单编制指南(试行)》(2011)、《中华人民共和国国家标准:建筑碳排放计算标准》(GB/T 51366—2019)

低碳生活

家庭生活中常用的电能主要是通过火力发电站的化石燃料转化而来，经历了一次能源转向二次能源的生产转化过程。综合生产转化过程和实际使用过程，电的消耗量（度）与碳排放量（千克）之间的倍数关系约为 0.785。也就是说，用 100 度电，等于排放了大约 78.5 千克二氧化碳。如果利用风力或核能等清洁能源发电，则可认为其碳排放几乎为零。

## 交流与表达

1. 通过家庭耗能设备情况，想一想企业能源消费导致的碳排放行为都有哪些，如何核查。

2. 在小组内比一比哪个家庭中电器耗能对应的碳排放量比较高/低，分析可能的原因是什么。

## 任务二 碳交易市场体验游戏

2021年7月，全国碳排放权交易市场正式启动上线交易，成为全球规模最大的碳市场。建设全国碳市场是利用市场机制控制和减少温室气体排放、推进绿色低碳发展的一项重大制度创新，也是推动实现碳达峰目标与碳中和愿景的重要政策工具。

之前，我们已初步了解了碳交易的概念，那为什么要进行碳交易？什么样的企业需要碳交易？它又是如何运作的？它对我们的企业和社会发展会造成怎样的影响？让我们通过游戏体验碳交易的运行机制，成为一个懂得碳中和原理和机制的低碳小达人！

### 方法与步骤

**准备工作**

● 一张A4纸大小的碳交易游戏地图（图5.1），可访问青少年科学调查体验活动官网进行下载

● 准备不同颜色的橡皮，作为企业家身份标志

● 准备一块正方体橡皮，在其六面上分别标记上数字1—6，作为游戏骰子

图5.1 碳交易游戏地图

63

## 游戏规则

玩家以企业家的身份参与游戏（选定不同颜色橡皮代表自己）。一位玩家以监督者身份参与整个过程，完成资金、碳排放值的记录和结算；每位企业家的创业资金初始值为500万元，碳排放初始值3000，目标是将自己的碳排放值降低为零。

## 获胜条件

达到以下情况的玩家获胜：

- 如果有企业家中途破产则先出局，坚持到最后的一位企业家获胜
- 碳排放最先回到零的企业家获胜
- 15分钟后若仍没有减碳到零的企业家，则碳排放最低者获胜

## 游戏步骤

- 通过石头剪刀布游戏，决定企业家的开始顺序。
- 通过掷骰子决定步数，按照以下规则决定所在位置的操作。

1. 企业家从起点出发，依次投掷骰子，按照随机步数前行，按要求完成对应操作：

- 如果停在绿色区域（图5.2 传统行业投资区），必须对所停留行业进行投资，各类行业有固定的投资金额、回报金额、碳排放数值，本轮结束时结算。

图5.2 传统行业投资区

## 传统行业投资区投资标准

|  | 零售 | 制造 | 医药 | 科技及互联网 | 房地产 | 能源 |
|---|---|---|---|---|---|---|
| 投资/万元 | 20 | 50 | 60 | 80 | 100 | 150 |
| 回报/万元 | 25 | 60 | 100 | 120 | 180 | 300 |
| 碳排放 | 300 | 1000 | 1000 | 500 | 800 | 1500 |

● 如果停在红色区域，如图5.3新技术研发投资区，可以选择对停留新技术进行投资或不投资。新技术为现阶段实现碳中和目标的核心技术，会获得非常高的减碳收益和经济收益。但新技术研发的时间长，必须到下轮结束时结算，拿到回报金额。

图5.3 新技术研发投资区

## 新技术研发投资区投资标准

|  | 海洋 | 太阳能 | 风力发电 | 生物技术 | 碳捕集技术 | 储能技术 | 森林 |
|---|---|---|---|---|---|---|---|
| 投资/万元 | 200 | 100 | 200 | 300 | 100 | 200 | 300 |
| 回报/万元 | 0 | 200 | 500 | 400 | 0 | 50 | 800 |
| 碳排放 | -500 | -600 | -1000 | -800 | -3000 | -500 | -1000 |

活动五 如何通过碳交易实现低碳目标

65

● 如果停在黄色的大事件区域（图5.4），再通过投骰子随机选择一个大事件。按照大事件描述，完成对应操作。

（1）全球气候变暖导致原本在热带和亚热带流行的传染病逐渐向温带甚至寒冷地区扩散，造成全球公共卫生危机，全场所有企业家遭受经济损失50万元。

（2）本企业研发团队碳捕获技术失败，损失50万元。

（3）本企业没有积极应对全球最严苛的环保政策，遭遇罚款100万元。

（4）本企业获得LEED绿色建筑铂金认证，增加收益130万元。

（5）本企业引入"碳管理"数字技术，对生产效率进行精细化管理，对碳排放的减少效果显著，减少碳排放800。

（6）"十三五"期间，我国碳强度较2005年降低约48.1%，提前完成我国对外承诺的到2020年目标，驶入绿色低碳发展"快车道"，全场所有企业家减碳1200。

图5.4 黄色大事件区

● 如果停在黄色的案例学习区域（图5.5），再通过投骰子随机选择一个案例学习。所有企业家一起学习、借鉴案例中的做法。

（1）某企业的包装研发团队利用竹浆等植物性纤维通过热压成型的工艺，减少了包装体积和运输碳排放。

（2）某学校采用校车统一接送学生上下学，避免了家长各自开车，每年可减碳约3000。

（3）世界地球日，某地区推广"素食星期一"活动，号召大家为世界减少碳排放。

（4）某企业推出新款服务器，可实现85%—90%的热量回收，将能耗降低了30%—50%。

图5.5 黄色的案例学习区

（5）某公司开发一套完善的 IT 系统，将原始数据的收集标准化、自动化，减少人工工作量，并提高盘查的准确性。

（6）通过太阳能光伏等技术，2022 年北京冬奥会和冬残奥会所有场馆均实现了城市绿色电网全覆盖，整个赛区可以减少燃烧 12.8 万吨的标准煤，减排二氧化碳 32 万吨。

● 如果停留在灰色的罚款区（图 5.6），企业家需要缴纳罚款 100 万元。
● 如果停留在灰色的环保局（图 5.7），若企业家碳排放 >1000，则需要在本区域暂停一回合。
● 如果停留在灰色的碳交易市场（图 5.8），企业家可以发起碳排放值的买卖活动，每 100 碳排放值对应 20 万元资金。其他企业家可选择是否参与买卖，但一次性买卖的金额不能超过自己现有资金总额的 1/2。

图 5.6　灰色的罚款区　　图 5.7　灰色的环保局区　　图 5.8　灰色的碳交易市场区

2. 重复以上步骤，作为监督者的玩家记录每轮的资金、碳排放变动情况（可参考表 5.4），直至有玩家获胜或所有玩家出局。

表 5.4　游戏记录单

|  |  | 玩家 1 | 玩家 2 | 玩家 3 | 玩家 4 | …… |
|---|---|---|---|---|---|---|
| 第 1 轮 | 企业行为 | 投资零售 20 |  |  |  |  |
|  | 资金 | 500-20+25=505 |  |  |  |  |
|  | 碳排放值 | 3000+300=3300 |  |  |  |  |
| 第 2 轮 | 企业行为 |  |  |  |  |  |
|  | 资金 |  |  |  |  |  |
|  | 碳排放值 |  |  |  |  |  |
| …… | 企业行为 |  |  |  |  |  |
|  | 资金 |  |  |  |  |  |

## 交流与表达

1. 分享你的参与心得，如何才能在游戏中获胜？查阅资料，看看有哪些方法可以帮助企业减少碳排放。

2. 将游戏道具分享给身边的家人、朋友，让更多的人通过游戏体验碳交易过程。

## 拓展任务 我是低碳宣传员

通过体验活动，同学们应该能够感受到，碳交易不仅为企业提供了较为灵活的减排履约形式，还从宏观层面优化资源配置有效控制了碳排放总量。保护人类赖以生存的地球、积极践行低碳理念不应止步于大型碳排放企业，也可以从每个人力所能及的小事做起，让每个个体都积极践行低碳生活新理念。同学们，让我们积极行动起来，将身边的低碳政策、低碳行为、低碳意识有力传播出去，影响更多的人。

### 方法与步骤

1. 通过访谈、实地考察等方式，调查本地区中各行各业所采取的低碳政策及取得的成效。

2. 在学校或社区，开展共建美好生态宣传活动，通过制作海报、短视频等方式传播低碳生活新风尚。

### 交流与表达

将制作的海报、短视频等在班级、年级或学校内展示和分享。

低碳生活

策划：姜景一　曹艳磊

编写：叶兆宁　吴可会

支持：叶　谦

青少年科学调查体验活动

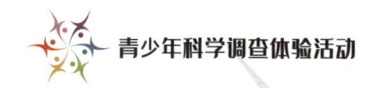

# 青少年科学调查体验活动指南

## 节约粮食

中国科协青少年科技中心 组编

科学普及出版社
·北京·

图书在版编目（CIP）数据

青少年科学调查体验活动指南.节约粮食/中国科协青少年科技中心组编.--北京：科学普及出版社，2021.12
　　ISBN 978-7-110-10404-0

Ⅰ.①青… Ⅱ.①中… Ⅲ.①科学技术—课外活动—中小学—教学参考资料 Ⅳ.① G634.93

中国版本图书馆 CIP 数据核字（2021）第 252425 号

# 前言

青少年科学调查体验活动始于2006年，是由中国科学技术协会、中华人民共和国教育部、中华人民共和国国家发展和改革委员会、中华人民共和国生态环境部、中央精神文明建设指导委员会办公室和中国共产主义青年团中央委员会共同主办的面向中小学生的科技类综合实践活动。活动以简单的科学调查、科学探究为载体，帮助学生掌握科学调查研究的方法，鼓励他们关注身边的科学问题，培养他们热爱祖国和关心社会的意识。

青少年科学调查体验活动每年推出相关活动指南、资源包等活动资源，用以辅助教师和学生参与活动。学生可以通过网站选择感兴趣的主题，并以活动指南作为参考框架，通过考察记录、查阅文献、设计制作、实验验证、总结交流等方法，学习与主题相关的科学内容，并在此基础上获取科学数据，通过活动官网与全国的青少年分享活动成果。

在往年活动资源的基础上，2022年青少年科学调查体验活动重新开发，推出了《低碳生活》《节约粮食》两个主题活动，主要围绕"植入低碳理念，关注气候变化，倡导节约资源、保护自然"和"弘扬中华民族传统美德，节约粮食、消除饥饿"展开调查体验。希望学校和老师鼓励学生积极参与，亲身经历科学调查研究的实践过程。活动指南中如有不妥之处，请大家批评指正。

中国科协青少年科技中心

2021年12月

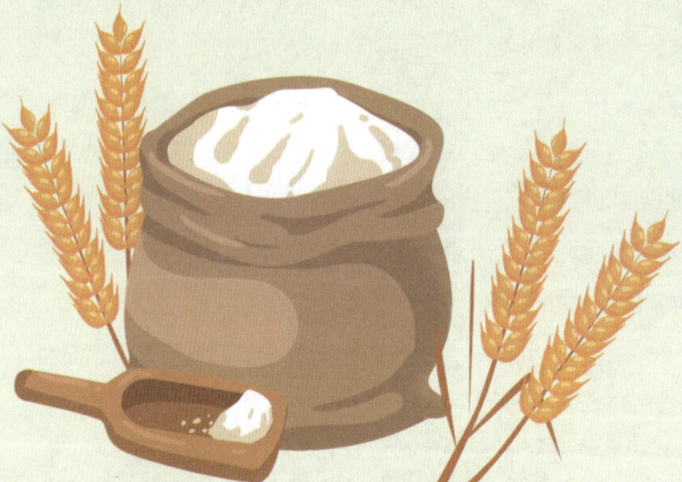

# 院士寄语

"锄禾日当午，汗滴禾下土。谁知盘中餐，粒粒皆辛苦。"这首脍炙人口的诗歌，相信青少年朋友们从小就会背诵。这首诗朗朗上口，体现了农民耕作的辛苦和粮食的来之不易。勤俭节约是中华民族的传统美德，是深深植根于中华传统文化的优秀品质。

吃饭，是人类生存的基本需求。"国以粮为本，民以食为天"，对于任何国家而言，粮食问题都是最大的民生问题。根据2020年开展的第七次全国人口普查统计，我国人口已达14亿人。我国的耕地面积仅占世界耕地面积的7%，却养活了占世界近20%的人口。中国的粮食产量多年位居世界第一，顺利解决了全国人民的温饱问题。"杂交水稻之父"、著名农业科学家袁隆平不仅发明了"三系法"籼型杂交水稻，还成功研究出"两系法"杂交水稻，创建了超级杂交稻技术体系，运用科学技术解决温饱难题。然而，放眼世界，却危机重重。在新冠肺炎疫情的影响下，2020年世界上有近8亿人面临饥饿，还有很多儿童因饥饿面临死亡的威胁。消除饥饿、实现粮食安全、改善营养和促进可持续农业是世界和平与发展的重要保障，是构建人类命运共同体的重要基础，关系人类的永续发展和前途命运，与我们每个人都息息相关。

据联合国粮食及农业组织和环境规划署2021年发布的数据显示，全球粮食总产量中约13%的损失发生在收获与零售环节，价值4000亿美元，相当于14亿公顷土地的产出，而在家庭、餐饮服务和零售环节出现的浪费占比高达17%。与此同时，粮食损失浪费产生的温室气体排放还给生态环境带来了巨大的压力。据有关资料统计，在我国餐饮消费中，每年至少倒掉的量约为2亿人一年的口粮。如果加上食堂的餐饮浪费、个人和家庭的食物浪费等，全国每年浪费的食物总量可养活2.5亿~3亿人。2021年4月，全国人民代表大会通过了《中华人民共和国反食品浪费法》，表明了中国政府厉行节约、反对浪费的决心。

"一粥一饭，当思来处不易"，节约粮食，减少浪费，意义重大。习近平总书记告诉我们："不论我们国家发展到什么水平，不论人民生活改善到什么地步，艰苦奋斗、勤俭节约的思想永远不能丢。"艰苦奋斗、勤俭节约，不仅是我们一路走来、发展壮大的重要保证，也是我们继往开来、再创辉煌的重要保证。

节约粮食，是每个公民应尽的义务。让我们继承中华民族的传统美德，节约资源，保护环境；厉行节约、反对浪费；科学膳食，健康生活。

中国工程院院士　陈坚

2021年11月

# 目录
## CONTENTS

前言 /I
院士寄语 /I
活动综述 /1

**活动一** 民以食为天 /3
任务一 粮食大家族 /4
任务二 家乡粮食大调查 /12

**活动二** 春种一粒粟 /16
任务一 了解粮食作物的生长阶段及管理方法 /17
任务二 寻找一米农田 /19
任务三 种植与收获 /24

**活动三** 食物浪费调查员 /26
任务一 校园光盘行动 /27
任务二 身边的食物浪费现象 /30

| 活动四 | 解决温饱的秘密武器 | / 35 |
|---|---|---|
| 任务一 | 粮食产量追踪 | / 36 |
| 任务二 | 袁隆平与杂交水稻 | / 39 |
| 任务三 | 农业 4.0 时代 | / 44 |

| 活动五 | 粮食危机与安全 | / 48 |
|---|---|---|
| 任务一 | 粮食危机会来临吗 | / 49 |
| 任务二 | 全球饥饿人口调查 | / 53 |
| 任务三 | 粮食安全与国际贸易 | / 57 |

# 活动综述

目前，中国粮食产量已多年位居世界第一，不仅实现了由长期短缺向供求基本平衡的历史跨越，而且为促进世界粮食安全做出了巨大贡献。

尽管我国人民顺利解决了温饱问题，但是至今全世界还有1/4的人口面临中度或重度粮食不安全的危险。根据2021年7月发布的《2021年世界粮食安全和营养状况》报告，受新冠肺炎疫情的影响，2020年世界上有7.2亿～8.11亿人面临饥饿，饥饿人口比2019年多了1.18亿～1.61亿人。与之形成鲜明对比的是，全球粮食的损失和浪费现象触目惊心，全球每年损失浪费的粮食总量相当于12.6亿人一年的口粮。据测算，我国粮食产后仅收获、储藏、运输、加工及餐桌浪费等就达到1224.3亿千克，占粮食总产量的20.77%。

"节约粮食"主题活动将引导同学们从家庭一周食物调查入手，将每天所吃的食物进行分类，并分析出家庭饮食结构比例；学习鉴别食物中主要营养成分的方法，了解食物对个体生存的重要性；调查家乡盛产的粮食作物，并与家乡人们的饮食习惯联系在一起；了解粮食的生长周期和种植方法；学习检测土质的简单方法，并尝试改良校园的土质；勘察校园环境，选择合适的种植地点；制订粮食种植计划，体会种植过程；对身边的食物浪费现象进行深入调查和研究，提出防止食物浪费的措施与方案；利用宣传海报、科普画、科普剧等科普宣传活动，将学习到的珍惜粮食、节约粮食的意识与方法传递给更多的人；调查中华人民共和国成立以来的粮食产量变化，分析粮食产量增长的影响因素；调查袁隆平的杂交水稻研究过程；了解我国农业技术发展的历程以及各个阶段的主要特征；调查我国粮食安全可能面临的挑战；调查世界饥饿人口的分布及产生原因；最后聚焦粮食贸易，调查中国近10年粮食出口和进口的基本情况；尝试辩证地去看待粮食贸易的利与弊。

围绕以上学习内容，"节约粮食"主题设计了五大活动，每个活动包含2～3个任务，任务下设有几个栏目，如："科学工具箱"提供了开展任务时可能需要用到的方法与工具;"方法与步骤"提供了任务的开展步骤;"科学资料"提供了拓展阅读资料。同学们可以结合自身情况和实际条件,选择感兴趣的活动内容,根据任务要求,开展科学实践、积极思考与研讨、撰写科学研究报告,分享发现与观点。

⑤ 粮食危机与安全 粮食贸易的利与弊

① 民以食为天 粮食重要吗?

④ 解决温饱的秘密武器 怎样解决粮食不够的问题?

节约粮食 从我做起

② 春种一粒粟 粮食从哪里来?

③ 食物浪费调查员 粮食浪费情况如何?

通过对本次活动的学习,同学们将能够:

- 了解广义和狭义的粮食分别指什么,认识粮食对个体生存以及国家安全的重要性;
- 加深对家乡盛产的粮食作物的认识,激发对自己家乡的热爱;
- 通过种植劳动,充分体会粮食的来之不易,认识粮食的珍贵性;
- 通过对食物浪费现象的深入调查和研究,摒弃不正确的价值观,积极利用宣传海报、科普画、科普剧等科普宣传活动,将学习到的珍惜粮食、节约粮食的意识与方法传递给更多的人;
- 了解对我国农业发展起到重要作用的人或事,对袁隆平等科学家心怀敬仰;
- 了解在全球视野下粮食生产和贸易作为重要的资源对社会、国家的影响;
- 营造人人重视粮食安全、人人参与粮食安全、人人助力粮食安全的社会新风尚。

## 活动一 民以食为天

你们看过《舌尖上的中国》吗？这部由中央电视台拍摄的纪录片记录了中国各个区域的美食文化，讲述了中国各地的美食生态，其中有没有你们家乡的美食？俗话说"靠山吃山，靠水吃水"，你们家乡的美食与当地盛产的粮食作物之间有没有联系呢？本次活动将带领大家一起去调查与探寻。

### 活动目标

**小学**

- 知道人类需要消耗食物以维持生命和保持健康；
- 通过调查家乡盛产的粮食作物，能够基本认识部分粮食品种，初步掌握收集、整理和运用信息的能力；
- 对家乡盛产的粮食作物及特色食物感兴趣。

**中学**

- 了解食物的分类，了解不同种类食物的主要营养成分；
- 调查我国主要粮食作物的种植地区分布，能够基本认识可作为主食的粮食作物品种，学会收集、整理和运用信息的方法；
- 能与其他地区的学生进行交流，分享各地的粮食作物与饮食习惯。

## 任务一　粮食大家族

史书《左传·襄公八年》中记载有"楚师辽远，粮食将尽"，可见"粮食"一词在我国很早就开始使用。那粮食指的是什么呢？粮食里都含有哪些营养成分？让我们一起来研究粮食大家族吧！

### 广义上的粮食

**科学工具箱**

在联合国粮食及农业组织（FAO）的食品目录中，粮食一词有广义和狭义之分。广义上的粮食，指的就是食物或食品，包括谷物、薯类、豆类、蔬菜、水果、畜产品、水产品、油料作物、糖料作物等；狭义上的粮食，指的就是谷物。在我国国务院2012年2月21日公布的《粮食法（征求意见稿）》中，粮食是指谷物及其成品粮、豆类和薯类。我们在本次活动中所调查的是广义上的粮食。

**谷物**　主要是指禾本科植物的种子和果实及其他杂粮，如稻米、小麦、玉米、小米、黑米、燕麦、薏仁米、高粱等。

**薯类**　又称根茎类作物，主要包括马铃薯、红薯、木薯、山药、芋类等。

**豆类**　主要包括大豆、蚕豆、红豆、绿豆、黑豆等。它们的蛋白质和淀粉含量比较高。豆制品如豆腐、豆浆、腐竹、素鸡也属于豆类食物。但并不是所有的豆子都属于豆类，像荷兰豆、四季豆、豆芽这种鲜豆类食物，它们的维生素和水分含量高，属于蔬菜。

**蔬菜**　是指可以做菜、烹饪成为食品的一类植物或菌类。

**水果**　是指可以吃的含水分较多的植物果实。

**畜产品** 主要包括肉（猪、牛、羊、禽等）、蛋、奶、蜂产品（蜂蜜等）以及其他副产品（动物内脏）。

**水产品** 主要包括海洋、江河、湖泊里出产的动物或藻类等。

**油料作物** 人们做饭时使用的烹调油是从一些油脂含量很高的植物果实或种子中提炼出来的。常见的油料作物有油棕、花生、大豆、芝麻、油菜、向日葵等。

**糖料作物** 糖料作物是为制糖工业提供原料的作物。主要有甘蔗、甜菜以及糖用高粱等。

## 食物中的营养成分

食物中主要有六大类营养成分，分别是碳水化合物（糖类）、脂肪、蛋白质、维生素、无机盐（矿物质）和水。

人体需要各种营养成分，但是没有一种食物可以包含人体需要的所有营养成分。因此要使我们的身体健康，就要合理搭配饮食。

碳水化合物是我们身体所需能量的主要来源之一。淀粉是一种常见的碳水化合物，面包、米饭、马铃薯等食物都含有大量的淀粉。

**碳水化合物（糖类）**

脂肪是身体的后备能源。一旦体内缺乏碳水化合物，身体就会分解脂肪，释放能量。肥肉、花生、食用油里含有大量的脂肪。

**脂肪**

节约粮食

蛋白质是组成我们身体的主要物质。无论是皮肤、肌肉还是血管、神经，它们的主要成分都是蛋白质。瘦肉、蛋类和豆类食物中含有大量的蛋白质。

蛋白质

维生素和无机盐是促进身体发育、调节身体功能的必需物质。缺乏这些物质会引起各种各样的营养缺乏症。不同食物中含有不同种类的维生素和无机盐，例如胡萝卜含有丰富的维生素A、动物肝脏含有丰富的维生素B、樱桃含有丰富的维生素C、鱼肝油含有丰富的维生素D。

维生素和无机盐（矿物质）

水也是组成我们身体的主要物质，约占体重的50%~60%。它是体内各种代谢活动必不可少的介质，还是运输养分和排泄废物的载体。人体除了从食物中获取水分外，还需要通过饮水来补充水分。

水

## 方法与步骤

### 1. 调查家庭一周饮食

一个家庭一周的食物应多种多样（图1.1），美国的一对著名摄影师夫妇在2005年发布了轰动一时的纪实摄影集《饥饿的星球》，里面记录了全球不同国家的一个家庭一周的食物种类和数量。请你们也来统计一下各自家庭一周所消耗的食物，将统计结果填在表1.1中。并将统计好的食物进行分类，再计算出各类食物的消耗数量，填在表1.2中。最后将统计好的食物种类和消耗数量，用饼状图的方式表示出家庭饮食结构比例，填图1.2。

图1.1 一个家庭一周的食物应当多种多样

**科学记录**

节约粮食

表 1.1　家庭一周食物统计表

年级：　　　　班级：　　　　记录人：　　　　记录时间：

| 时间 | 早餐 | | 午餐 | | 晚餐 | | 零食 | |
|---|---|---|---|---|---|---|---|---|
| | 食物 | 重量/千克 | 食物 | 重量/千克 | 食物 | 重量/千克 | 食物 | 重量/千克 |
| 周一 | | | | | | | | |
| 周二 | | | | | | | | |
| 周三 | | | | | | | | |
| 周四 | | | | | | | | |
| 周五 | | | | | | | | |
| 周六 | | | | | | | | |
| 周日 | | | | | | | | |

表 1.2　家庭一周食物分类表

年级：　　　　班级：　　　　记录人：　　　　记录时间：

| 食物种类 | 食物名称 | 合计重量/千克 |
|---|---|---|
| 谷物 | | |
| 薯类 | | |
| 豆类 | | |
| 蔬菜 | | |
| 水果 | | |
| 畜产品 | | |
| 水产品 | | |
| 油 | | |
| 糖 | | |

谷物：
薯类：
豆类：
蔬菜：
水果：
畜产品：
水产品：
油：
糖：

图 1.2　家庭饮食结构比例

## 2. 简单鉴别食物中的主要营养成分

食物可以分为不同种类，那同一种类中的食物包含的主要营养成分相同吗？请你们用实验来鉴别食物中的淀粉、脂肪和蛋白质，将结果记录在表 1.3 中。

### 材料与工具

米饭 3 份、馒头 3 片、花生 3 粒、肥肉 3 块、瘦肉 3 块、豆干 3 块、鸡蛋白 3 块、碘液 1 瓶、滴管 1 根、油纸 1 张、酒精灯 1 盏、镊子 1 把、火柴 1 盒、托盘 1 个

### 实验方法

（1）鉴别淀粉。淀粉遇到碘液后会变蓝。将碘液滴在食物上，如果食物变蓝就说明含有淀粉（图 1.3）。

图 1.3　鉴别淀粉实验

（2）鉴别脂肪。将食物在油纸上揉擦，再将油纸向着光看，如果看见纸上留有透明斑点，就说明含有脂肪（图 1.4）。

图 1.4　鉴别脂肪实验

（3）鉴别蛋白质。将食物放在火上烧烤，如果释放出一股特殊的气味（焦煳味）就说明含有蛋白质（图 1.5）。

图 1.5　鉴别蛋白质实验

## 科学记录

### 表1.3 食物主要营养成分检测表

年级：　　　　班级：　　　　记录人：　　　　记录时间：

在检测到的营养成分上画"√"。

| 食物名称 | 食物种类 | 淀粉 | 脂肪 | 蛋白质 |
|---|---|---|---|---|
| 米饭 | | | | |
| 馒头 | | | | |
| 花生 | | | | |
| 肥肉 | | | | |
| 瘦肉 | | | | |
| 豆干 | | | | |
| 鸡蛋白 | | | | |

根据实验结果，你们能简要分析出不同种类食物所含有的主要营养成分吗？

1. 谷物：

2. 豆类：

3. 畜产品：

4. 油料作物：

## 交流与表达

经过对粮食营养成分的探究，同学们对粮食的重要性有了一定的了解。可以小组之间交流讨论，说说如果人类缺少食物，或者长期只能食用某一类食物，会对身体产生什么样的影响。

## 任务二　家乡粮食大调查

你的家乡盛产哪些粮食作物？你家乡的人们喜欢吃哪些食物？盛产的作物和爱吃的食物之间是否存在联系？让我们一起来调查吧。

### 利用网络收集资料

### 科学工具箱

国家统计局是国务院直属机构，主管全国统计和国民经济核算工作，所公布的数据真实可靠。因此，同学们可以登录国家统计局官方网站，获得各省级行政区的各种粮食作物的种植面积、产量等相关数据。例如表1.4为国家统计局统计的江苏省各类粮食作物产量数据。

表1.4　江苏省各类粮食作物产量数据示例（万吨）

| 指标 | 2020年 | 2019年 | 2018年 | 2017年 | 2016年 | 2015年 | 2014年 |
| --- | --- | --- | --- | --- | --- | --- | --- |
| 粮食产量 | 3729.10 | 3706.20 | 3660.28 | 3610.80 | 3542.44 | 3594.71 | 3523.04 |
| 夏收粮食产量 |  | 1356.60 | 1326.42 | 1335.82 | 1293.20 | 1304.03 | 1281.03 |
| 秋粮产量 |  | 2349.60 | 2333.86 | 2274.98 | 2249.24 | 2290.68 | 2242.01 |
| 谷物产量 |  | 3612.04 | 3572.53 | 3536.21 | 3466.65 | 3513.10 | 3439.18 |
| 稻谷产量 |  | 1959.64 | 1958.03 | 1892.57 | 1898.94 | 1917.33 | 1882.55 |
| 早稻产量 |  |  |  | 0.00 | 0.00 | 0.00 | 0.00 |
| 中稻和一季晚稻产量 |  |  | 1958.03 | 1892.57 | 1898.94 | 1917.33 | 1882.55 |
| 双季晚稻产量 |  |  |  | 0.00 | 0.00 | 0.00 | 0.00 |

续表

| 指　　标 | 2020 年 | 2019 年 | 2018 年 | 2017 年 | 2016 年 | 2015 年 | 2014 年 |
| --- | --- | --- | --- | --- | --- | --- | --- |
| 小麦产量 |  | 1317.51 | 1289.12 | 1295.47 | 1245.81 | 1248.96 | 1225.47 |
| 冬小麦产量 |  |  | 1289.12 | 1295.47 | 1245.81 | 1248.96 | 1225.47 |
| 春小麦产量 |  |  |  | 0.00 | 0.00 | 0.00 | 0.00 |
| 玉米产量 |  | 311.07 | 299.95 | 318.07 | 284.44 | 302.04 | 284.79 |
| 谷子产量 |  |  | 0.01 | 0.03 | 0.04 | 0.04 | 0.02 |
| 高粱产量 |  |  | 0.20 | 0.15 | 0.16 | 0.16 | 0.25 |
| 其他谷物产量 |  |  | 25.22 | 29.93 | 37.26 | 44.58 | 46.10 |
| 大麦产量 |  |  | 23.88 | 28.33 | 35.71 | 43.30 | 44.76 |
| 豆类产量 |  | 70.30 | 64.97 | 58.79 | 59.39 | 60.18 | 58.93 |
| 绿豆产量 |  |  | 1.01 | 0.48 | 0.49 | 0.90 | 0.92 |
| 红小豆产量 |  |  | 1.94 | 1.48 | 1.50 | 1.24 | 1.79 |
| 大豆产量 |  |  | 49.12 | 44.95 | 45.98 | 46.94 | 46.18 |
| 薯类产量 |  | 23.86 | 22.78 | 15.80 | 16.40 | 21.43 | 24.93 |
| 马铃薯产量 |  |  | 0.00 | 0.00 | 0.00 | 0.00 | 0.00 |
| 棉花产量 | 1.1000 | 1.5660 | 2.0600 | 2.5725 | 3.6924 | 4.2500 | 4.8700 |
| 油料产量 | 93.00 | 94.32 | 86.04 | 85.36 | 88.67 | 98.04 | 104.12 |
| 花生产量 |  | 42.71 | 39.33 | 34.78 | 35.24 | 33.81 | 33.71 |

活动一　民以食为天

利用网络收集资料时，要注意信息来源的可靠性。一般来说，下面这些网站的文章都是可靠、可信的：

● "新华网""人民网"等新闻机构网站。

●《人民日报》《光明日报》《北京日报》《陕西日报》《南方周末》等中央及各地报纸刊物网站。

● "中国政府网""中华人民共和国国防部"等中央和地方各级政府部门网站。

● "中国科学院""北京大学"等公立学术机构、教育机构网站。

## 方法与步骤

### 1. 调查本地主要粮食作物

调研家乡的菜市场（农贸市场）、超市、农副产品市场，看看哪些粮食作物是本地盛产的。

### 2. 调查家乡特色食物

通过实地调查或问卷调查，了解当地人们喜欢、常吃的特色食物有哪些，将步骤1的调查结果与当地的特色食物联系起来，填在表1.5中。

**科学记录**

表 1.5　家乡盛产粮食及特色食物调查表

年级：　　　班级：　　　记录人：　　　记录时间：

| 人们爱吃的特色食物名称 | 对应的盛产粮食作物 |
|---|---|
|  |  |
|  |  |
|  |  |
|  |  |

简单介绍你们家乡的特色食物或盛产粮食作物：

## 3. 绘制全国主食分布图

主食通常指人们餐桌上的主要食物，是人体所需能量的主要来源。你们可以通过"科学工具箱"中列举的方法调查可做成主食的粮食作物（如稻米、小麦、玉米、土豆等）在全国的种植分布与产量；再调查各地的主食，尝试列一份全国主食分布表 1.6，分析各地的主食与主要粮食作物的关系。

表 1.6　全国主食分布表

| 省（区、市） | 主食 | 可做主食的粮食作物 |
|---|---|---|
| 黑龙江 | 米饭、馒头 | 稻米、小麦、玉米 |
| 云南 | 米线 | 稻米 |
| …… | | |

## 交流与表达

经过对家乡盛产粮食以及特色食物的调查，你们可以以班级为单位召开"我家乡的粮食"主题班会，分享各小组的调查结果。还可以与其他地区的同学分享，比较各地的主要粮食作物和特色食物有什么不同。

## 活动二 春种一粒粟

水稻分为早熟水稻和晚熟水稻。早熟水稻的生长周期在2~3个月。晚熟水稻的生长周期在7~8个月。每一粒米都是农民辛苦劳作的结果，古人云"谁知盘中餐，粒粒皆辛苦"。在水稻的生长过程中，农民都付出了哪些劳动？其他粮食作物从种植到收获又经历了哪些阶段？本活动将带领我们体验种植粮食的过程，感受粮食的得来不易。

### 活动目标

**• 小学 •**

- 了解粮食作物的生长阶段；
- 初步体验种植粮食的生产劳动，学会与他人合作劳动；
- 懂得食物来之不易，珍惜劳动成果，养成勤劳朴素的优良品行。

**• 中学 •**

- 调查粮食种植各个阶段的所需条件；
- 体验粮食种植的全部过程，感受粮食的得来不易；
- 在种植过程中对比不同小组粮食的生长情况，发现问题并展开讨论。

## 任务一　了解粮食作物的生长阶段及管理方法

"春种一粒粟，秋收万颗子"。一粒种子是如何成长成一株植株，生长出很多粮食的？这其中经历了哪些阶段？农民伯伯需要做哪些事情？在我们亲自体验种植粮食活动之前，先去调查粮食作物的生长阶段及管理方法吧。

### 方法与步骤

**1. 了解粮食的生长阶段**

根据活动一调查的家乡盛产粮食作物，结合当地的气候条件，选择1~2个适宜的粮食作物，查找资料或走访农民、农业技术人员，调查它们的生长阶段。

**2. 调查粮食的种植方法**

咨询有经验的农民或农业技术人员，调查你们要种植的粮食作物不同生长阶段的田间管理方法，填在表2.1中。如果某些作物没有某个生长阶段，则该阶段可不填。

## 科学记录

**表 2.1　粮食作物在不同生长阶段的田间管理方法调查表**

年级：　　　班级：　　　记录人：　　　记录时间：

粮食作物：

| 生长阶段 | 适宜时间 | 田间管理方法 | 其他注意事项 |
|---|---|---|---|
| 播种期 | | | |
| 幼苗期 | | | |
| 分蘖期 | | | |
| 拔节期 | | | |
| 孕穗期 | | | |
| 抽穗期 | | | |
| 扬花期 | | | |
| 灌浆期 | | | |
| 成熟期 | | | |

## 交流与表达

　　经过对粮食作物生长阶段及管理方法的初步调查，你们可能对粮食种植还有一些疑问和困惑。请小组之间分享你们已知的和想要知道的知识，对于大家都想了解的问题，可以统一向专业人员请教。

## 任务二 寻找一米农田

如果我们要在校园进行粮食种植活动，应该去哪里寻找合适的种植地点呢？下面就让我们勘察校园环境，并对选定种植地的土壤进行改良，为后面的种植活动做好准备。

### 科学工具箱

**土壤的三种质地**

我们可以简单地将土壤分为沙质土、黏质土和壤土三大类别（图2.1）。

土壤质地对土壤的养分含量、通气性、透水性、保水保肥性以及耕作性等都有很大的影响，所以在选择土壤时，质地是首要考虑的因素之一。

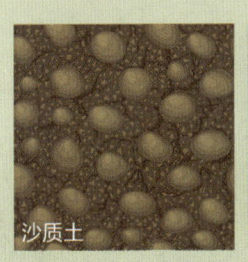

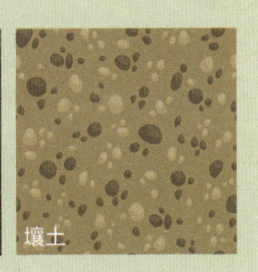

图2.1 沙质土、黏质土和壤土

**沙质土** 黏粒少，沙砾多，土壤颗粒较粗。疏松、透水、通气良好，但保水、保肥力差，土温变化也较大。

**黏质土** 具有黏性的细粒土，粉沙较多，颗粒细、孔隙小而多。一般土性紧密、黏结性强，透水、通气差。湿时黏性很大，干时坚硬开裂，作物的根系不易伸展。

19

**壤土** 由基本等量的沙砾、粉沙和黏粒所组成的土壤。一般土性疏松，通气、透水、保水保肥，耕作方便，适宜作物生长。

## 如何配制营养土

营养土是为了满足作物生长发育而专门配制的。它是含有多种矿物质营养、疏松通气、保水保肥能力强、无病虫害的优良土壤（图2.2）。适合配制营养土的材料较多，目前常用的有以下几种：

**沙子** 多取自河滩。排水性能好，但无肥力，多用于掺入其他材料中以利排水。

**园土** 取自菜园、果园等地表层的土壤。含有一定腐殖质，常作为多数营养土的基本材料。

**腐叶土** 由落叶、枯草等堆制而成。腐殖质含量高、保水性强、通透性好，是配制营养土的主要材料之一。

**泥炭土** 由泥炭藓炭化而成，含有丰富的有机质。

**堆肥** 由动物粪便、落叶等掺入园土、污水堆积沤制而成，具有较丰富的肥力。

**蛭石** 是一种黄褐色矿物，可改善土壤的结构，保肥保水、透气，还能够有效地促进植物根系的生长和小苗的稳定发育。

常用的营养土配方为：一份堆肥、一份泥炭土和一份蛭石混合而成。如果弄不到泥炭土和蛭石，可以用园土代替泥炭土，用沙子代替蛭石。

图2.2 含多种矿物质的营养土

## 方法与步骤

### 1. 选择种植地点

请你们勘探校园环境，找出几个备选的地点，考察那里的地面（土壤面积、土层厚度）、光照与通风情况，再从中挑选一个最为合适的地点，划出1米×1米的区域，作为种植田地。

### 2. 检测土壤质地

运用检验土质的简单方法，检测选中地点的土壤质地是否适合种植粮食作物。

**材料与工具**

放大镜1个、烧杯4个、餐巾纸4张、漏斗4个、沙质土、壤土、黏质土、选中地土壤、量杯1个、量筒1个、滴管1根、托盘1个、一次性手套1副

**实验方法**

（1）观察4种土壤样品的颗粒大小，先将沙质土、壤土和黏质土按颗粒大小排序，再将选中地土壤与3种土做对比，并将观察结果按照"最大""较大""较小""最小"记录在表2.2中。

（2）用滴管吸取少量水打湿4种土壤样本，观察潮湿的土壤能否湿润结团，将实验结果记录在表2.2中。

（3）在烧杯上放置一个漏斗，漏斗里紧贴内壁铺一层餐巾纸，按照此方法制作4个渗水装置（如图2.3）。

（4）用量杯量取相同体积的沙质土、壤土、黏质土和选中地土壤，分别倒在4个漏斗里。

（5）用量筒依次量取50毫升水，分别倒入4个渗水装置中，3分钟后测量流到烧杯底部的水量，按照水量多少进行排序，流到烧杯里的水量越多，土壤的渗水性越好。将实验结果按照"强""较强""适中""弱"记录在表2.2中。

（6）根据实验结果比较得出选中地土壤接近于哪一种土质，记录在表2.2中。

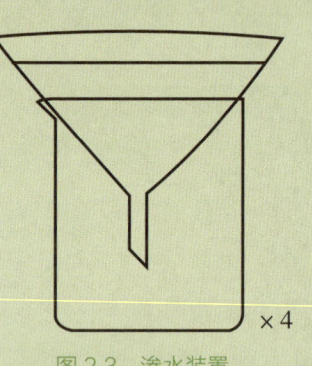

图2.3 渗水装置

## 科学记录

### 表2.2 土质检测表

年级：　　　班级：　　　记录人：　　　记录时间：

|  | 沙质土 | 壤土 | 黏质土 | 选中地土壤 |
| --- | --- | --- | --- | --- |
| 颗粒大小 |  |  |  |  |
| 是否成团 |  |  |  |  |
| 渗水性 |  |  |  |  |

通过实验发现选中地土壤土质接近于：

### 3. 改进土壤质地

你们选择的种植地点的土质如何？如果土质不够理想可以想办法改进。如果土质接近黏质土，可适当增加蛭石或沙子以提高土壤的通气性；如果土质接近沙质土，可适当增加腐叶土、泥炭土等以增加肥力，还可以利用落叶、果皮或剩菜做一个堆肥箱，获得有机肥料用以施肥。

## 交流与表达

通过以上活动，你们已经找好了适合种植粮食的田地，并改进了土壤的质地。除此之外，种植活动还需要哪些材料和工具？和同学们一起讨论，将它们列出来，并根据列好的清单开始准备工作。

## 任务三 种植与收获

同学们，你们已经做好了种植粮食的准备工作，接下来就请你们在围出的一米农田里开始种植粮食吧。在种植的过程中，你们还可以观察粮食作物的生长变化，发现其中有趣的现象，从中找出可以研究的问题做进一步的探究。

### 方法与步骤

#### 1. 制订种植计划，进行种植活动

请你们根据之前调查的粮食生长阶段以及每一阶段所对应的田间管理方法，划分小组分工，并调查作物种植密度，从而确定一米田所需要的种子数量。

#### 2. 种植并记录粮食生长过程

观察粮食的生长过程，记录粮食的生长变化（如株高、开花数、结果数、健康情况等）。你们可以用文字、图表、照片或者小视频等多种方式进行记录，将信息填在表 2.3 中。

#### 3. 收获并比较粮食产量

记录最终的粮食产量，填在表 2.4 中。种植相同种类粮食的小组，可以比较粮食产量。如果产量悬殊，可以比较和分析你们的粮食种植方法有什么不同（如品种差异、播种密度差异、土壤差异、灌水差异及其他田间管理方法差异等），从中选取一些可研究的因素进行讨论，探究哪些因素会影响粮食的产量。

## 科学记录

### 表 2.3　粮食种植记录表

年级：　　　班级：　　　记录人：　　　记录时间：

| 生长阶段 | 生长变化 | 负责人 |
| --- | --- | --- |
|  |  |  |
|  |  |  |
|  |  |  |
|  |  |  |
|  |  |  |
|  |  |  |

### 表 2.4　粮食产量统计表

年级：　　　班级：　　　记录人：　　　记录时间：

| 粮食种类 | 产量 / 千克 | 种植地面积大小 / 平方米 | 每平方米产量 / 千克 / 平方米 |
| --- | --- | --- | --- |
|  |  |  |  |
|  |  |  |  |

## 交流与表达

通过种植活动，你们有哪些心得体会？你们感受到粮食的得来不易了吗？可以和同学们一起在校园中组织宣传活动，跟其他同学分享你们的心得体会。

## 活动三 食物浪费调查员

根据联合国粮食及农业组织数据显示，每年全球浪费的粮食达到16亿吨，其中有13亿吨是可食用的。如果按照联合国规定的粮食安全线（人均400千克）计算，13亿吨粮食可以养活32.5亿人口，差不多等于世界人口数的一半。大量食物被人类生产出来，却没有被食用，在环境、社会和经济层面造成了严重的浪费。据估计，全球温室气体排放量的8%~10%与这些被浪费掉的食物有关。

让我们一起去调查生活中存在哪些浪费食物的现象，它们存在的原因是什么，如何解决这些食物浪费的问题，并向大众进行宣传，呼吁人们认真对待食物浪费问题。

### 活动目标

**小学**
- 初步掌握收集、整理和运用信息的能力，调查学校和家庭中的食物浪费现象；
- 制订出学校或家庭光盘行动方案；
- 形成"以节约为荣，以浪费为耻"的价值观。

**中学**
- 学会收集、整理和运用信息的方法，完成学校和家庭的食物浪费现象调查，对其中存在的不合理价值观予以摒弃；
- 尝试合理地、有创意地解决这些食物浪费的问题；
- 能积极地将所了解的知识与方法传递给更多的人。

## 任务一　校园光盘行动

光盘行动由一群热心公益的人们发起，光盘行动的宗旨为："餐厅不多点、食堂不多打、厨房不多做。养成生活中珍惜粮食、厉行节约反对浪费的习惯。"你们的学校有食堂吗？食堂里是否存在浪费食物的现象？同学们一起去调查，制订校园光盘行动方案吧！

### 方法与步骤

**1. 实地考察食堂剩食情况**

调查一周内食堂餐后食物的剩余情况及处理方法，填写表3.1。

**科学记录**

表 3.1　食堂一周食物剩余情况调查表

年级：　　班级：　　记录人：　　记录时间：

| 日期 | 就餐人数 | 没吃完倒掉的食物/千克 | 剩余未卖出的食物/千克 | 剩余食物处理方法 |
|---|---|---|---|---|
|  |  |  |  |  |
|  |  |  |  |  |
|  |  |  |  |  |
|  |  |  |  |  |
|  |  |  |  |  |
|  |  |  |  |  |

## 2. 问卷调查食物浪费现象原因

编写问卷，调查学校食堂存在食物浪费现象的原因。

### 食堂用餐问题调查问卷（样例）

亲爱的同学，我们是×年级×班的学生。我们正在进行一项关于食堂用餐问题的调查活动，希望占用你一点宝贵的时间。你只需根据实际情况回答，没有对错之分，感谢你的支持！

以下问卷包括 5 道题目，大约需要 3 分钟完成：

1. 你平时在食堂就餐能够将食物全部吃完吗？

    能（　） 　大部分时间能（　） 　偶尔能（　） 　从来不能（　）

2. 大部分情况下你剩余食物的理由是？

    量大吃不完（　） 　不好吃（　） 　对于某些食物挑食不吃（　）

3. 打饭时，食堂工作人员会就打饭的量询问你的意见吗？

    会（　） 　大部分时间会（　） 　偶尔会（　） 　从来不会（　）

4. 你会主动要求食堂工作人员根据你的饭量或口味少打或不打某些菜吗？

    会（　） 　大部分时间会（　） 　偶尔会（　） 　从来不会（　）

5. 你对食堂菜品的口味有哪些意见？（主观题）

    （　　　　　　　　　　　　　　　　　　　　　　　　　　　）

非常感谢你的配合，祝你学业进步，生活愉快！

## 3. 归纳总结，提出光盘行动方案

根据调查结果进行统计、归纳和分析，找出学校食堂出现食物浪费现象的原因，有针对性地制订学校食堂光盘行动方案。

活动三 食物浪费调查员

### 学校食堂光盘行动方案（样例）

**待解决问题**

学校食堂存在食物浪费现象

**现象产生原因**

1. 食堂没有建立食物分量把控机制
2. 某些同学挑食，某些菜不吃
3. 食堂饭菜的口味不太受欢迎

**解决方案**

1. 食堂措施改进：精准统计、改善口味、严格把控分量多少
2. 个人措施改进：改变挑食习惯、珍惜每一粒米
3. 学校措施改进：进行全校宣传活动，倡导学生将"光盘"进行到底，争做"光盘达人"

## 交流与表达

通过以上调查活动，你们发现食堂的食物浪费现象严重吗？是由哪些原因造成的？小组之间可以将调查结果进行交流分享，制订出更为合理的光盘行动方案。

## 任务二 身边的食物浪费现象

当前，人们生活水平提高了，食物浪费现象却加重了，如外出就餐的剩菜剩饭直接倒掉、家中囤积了大量食物吃不完放坏扔掉、宴请宾客时铺张浪费等。让我们去调查生活中所存在的食物浪费现象，尝试合理地、有创意地解决这些食物浪费问题吧。

**方法与步骤**

### 1. 制订调查计划

小组讨论、商定生活中的食物浪费现象调查计划，做好调查前的准备工作。重点讨论以下问题：
- 到哪里调查？
- 什么时间调查？
- 主要调查谁？
- 调查哪些现象？
- 使用什么调查方法？

### 2. 实地调查身边的食物浪费现象

调查身边存在的食物浪费现象，采访当事人，了解浪费的原因。

## 3. 归纳总结，提出解决方案

根据调查结果进行归纳分析，针对几种常见的产生食物浪费现象的原因，有针对性地提出解决方案。

### 我身边的食物浪费现象及解决方案（样例）

年级：　　　班级：　　　记录人：

记录时间：

记录地点：

浪费现象简述：
餐馆倾倒食物问题严重。

现象产生原因：
客人在餐馆用餐，点太多食物，吃不完。

解决方案：
鼓励客人按人数点餐，每人点一个菜，还可提前告知客人菜量大小，实在吃不完可以让客人打包带走。

活动三　食物浪费调查员

节约粮食

## 交流与表达

经过对身边食物浪费现象的调查，同学们可能收集到了很多信息。你们可以将收集到的信息整理成一篇完整的调查报告，提交给学校或政府相关部门。

### 关于×××的调查报告

调查人员：

调查时间：

调查方法：

背景介绍：（说明为什么要做这项调查）

调查对象：（说明被调查的对象是哪些群体或场所）

调查过程：（简要说明本次调查的主要过程，可以适当增加一些调查活动的图片）

调查结果：（呈现调查的数据、表格或图示，说明食物浪费现象的现状与原因）

解决方案：（提出解决食物浪费现象的方法与建议）

**科学资料**

### 减少食物浪费的六步骤

1. 采购前做好计划，不管是家庭采购、食堂采购还是饭店采购都应如此；

2. 采购时，遵从计划，按需购买，尽量购买当地当季的食物，不仅支持了本地经济，而且减少了食物运输过程中产生的碳排放。不要忽视外观不完美的水果和蔬菜，不然它们可能会被扔掉；

3. 买回来的食物要学会正确存放，不同的食物有不同的存放方式，有些需要放冰箱，有些则需要通风干燥保存；

4. 烹饪食物时，根据用餐人数适量取材，不要做很多结果吃不完；

5. 如果发现做多了，将多做的量先盛出保存，剩下的食物尽量光盘；

6. 实在吃不完的食物还可以回收利用，比如做成其他食物（米做成米酒、水果做成果酱）或拿去堆肥；食堂、餐馆大批的剩余食物还可以送给有需要的人。

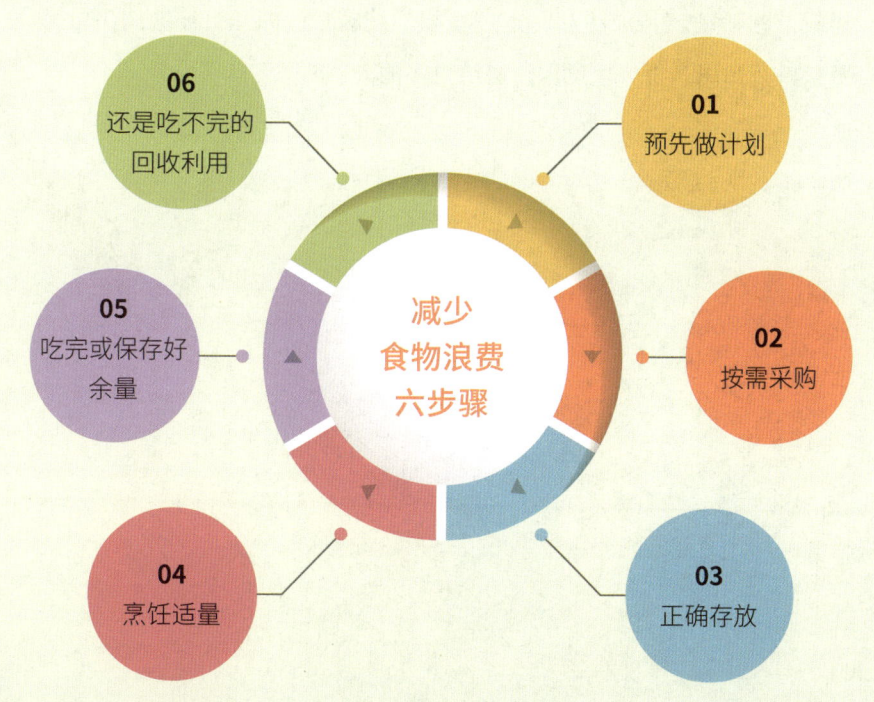

减少食物浪费六步骤

- 01 预先做计划
- 02 按需采购
- 03 正确存放
- 04 烹饪适量
- 05 吃完或保存好余量
- 06 还是吃不完的回收利用

节约粮食

**拓展任务**

### 节粮宣传我出力

同学们，通过调查和讨论，我们分析了身边常见的食物浪费现象及其产生原因，还制订了光盘行动方案。为了使我们的调查结果能被更多人知晓，也为了向更多人普及节粮的意义与方法，请你们从以下任务中选择1~2项，为节粮宣传献出自己的一份力。

1. 前往食堂参与义务劳动，可以做打饭员，做到按需打饭；可以做咨询员，咨询同学对饭菜的满意度，并根据同学的反馈，给学校食堂提供建议食谱；还可以做监督员，监督同学用餐，给做到光盘的同学积分奖励。

2. 化身为家庭食物采购员，做到按需购买、按量烹饪，并且做好储存规划，使食物尽可能地延长保存期限，做到家庭光盘。

3. 根据所调查的结果，绘制节粮科普海报，或者排演节粮科普剧。组织节粮活动宣传周活动，走进校园、社区，向同学、社区居民宣传节粮科普知识，将节粮意识传递给更多的人。

## 活动四 解决温饱的秘密武器

近年来，我国农业取得了举世瞩目的成就，用全世界 7% 的耕地养活了全世界近 20% 的人口，彻底告别了持续数千年的饥饿历史。我国粮食产量还出现了惊人的"多连增"。在人口不断增多的情况下，也没有发生粮食危机，这背后是什么原因呢？其中包含着多少科学家的汗水和心血？让我们一起来揭秘解决中国人民温饱问题的秘密武器吧！

### 活动目标

**小学**
- 调查我国近半个世纪以来的粮食产量数据；
- 了解重大的发明和技术会给人类社会发展带来的深远影响和变化，如袁隆平培育的杂交水稻为解决全中国人的温饱问题做出了杰出贡献；
- 学习科学家的品质与精神。

**中学**
- 运用图表对比我国近半个世纪以来粮食产量的变化情况；
- 探究杂交水稻的科学原理，调查中国农业技术发展的历程；
- 制作一个智能农业箱，激发创新思维。

## 任务一 粮食产量追踪

中华人民共和国成立以来，始终坚持"粮食自给"的基本方针，大力发展农业，粮食产量大幅提高。据国家统计局的数据显示，我国粮食总产量从1949年的11318万吨，增长到2020年的66949万吨。这傲人的成绩得益于什么？是粮食单产量的增长还是粮食种植面积的增长？让我们一起去调查吧。

### 方法与步骤

**1. 调查中华人民共和国成立以来粮食产量的变化**

调查我国从1949年到现在的粮食总产量数据，填入表4.1中，并将调查得来的数据绘制成折线图4.1。你们可以选择每2年、每5年或每10年记录一个数据，小组之间进行比较，思考隔几年采集一组数据最合适。

**科学记录**

表 4.1　中华人民共和国成立以来粮食总产量调查表 / 万吨

年级：　　　班级：　　　记录人：　　　记录时间：

| 年份 | 总产量 | 年份 | 总产量 | 年份 | 总产量 | 年份 | 总产量 |
|---|---|---|---|---|---|---|---|
|  |  |  |  |  |  |  |  |
| 年份 | 总产量 | 年份 | 总产量 | 年份 | 总产量 | 年份 | 总产量 |
|  |  |  |  |  |  |  |  |
| 年份 | 总产量 | 年份 | 总产量 | 年份 | 总产量 | 年份 | 总产量 |
|  |  |  |  |  |  |  |  |
| 年份 | 总产量 | 年份 | 总产量 | 年份 | 总产量 | 年份 | 总产量 |
|  |  |  |  |  |  |  |  |
| …… |  |  |  |  |  |  |  |

总产量 / 万吨

年份 / 年

图 4.1　粮食总产量变化图

活动四　解决温饱的秘密武器

### 2. 调查中华人民共和国成立以来粮食种植面积的变化

调查我国从1949年到现在每5年的粮食种植面积数据，并将调查得来的数据绘制成折线图。参考步骤1的数据处理方法，画出中华人民共和国成立以来粮食种植面积变化图。

### 3. 调查中华人民共和国成立以来粮食单位面积产量的变化

调查我国从1949年到现在的每5年粮食单位面积产量数据，并将调查得来的数据绘制成折线图。参考步骤1的数据处理方法，画出中华人民共和国成立以来粮食单位面积产量变化图。

## 交流与表达

经过对中华人民共和国成立以来粮食产量及种植面积数据的调查与分析，你发现了什么？粮食产量是一直上升的吗？粮食总产量的增长与什么因素有关？有些年份的减产可能是什么原因导致的？同学们可以相互交流，分享各小组的调查成果。

## 任务二　袁隆平与杂交水稻

"他是一位真正的耕耘者。当他还是一个乡村教师的时候，已经具有颠覆世界权威的胆识；当他名满天下的时候，却仍然只是专注于田畴。淡泊名利，一介农夫，撒播智慧，收获富足。他毕生的梦想，就是让所有人远离饥饿。"同学们，你知道这段话说的是谁吗？他就是杂交水稻之父——袁隆平。

早在1926年，美国人詹斯首次揭示了水稻的杂种优势现象。他的理论引起了各国科学家的广泛关注，先后在玉米、高粱等作物获得了成功，大幅提高了产量。同时，各个国家的学者都开展了杂交水稻的研究，不过没有一例应用于大田生产。袁隆平也瞄准了这条路，下决心进行杂交水稻的科学研究，以通过杂种优势来提高水稻的单位面积产量，解决中国人民吃饭的问题。下面我们一起来了解袁隆平和他研究的"杂交水稻"。

### 科学工具箱

**孟德尔遗传定律**

生物的性状是由遗传因子决定的，每个遗传因子决定着一种性状。其中，决定显性性状的为显性遗传因子，用大写字母（如A）来表示；决定隐性性状的为隐性遗传因子，用小写字母（如a）来表示。细胞中遗传因子是成对存在的，像AA或aa这样由两个相同的遗传因子组成的个体叫纯合子，像 Aa 这样由不同的遗传因子组成的个体叫杂合子。生物体在形成配子细胞时，成对的遗传因子会相互分离，随机分配到不同的配子去。受精时，配子的结合也是随机的，从而组合成含有不同基因型的不同合子（如图 4.1）。

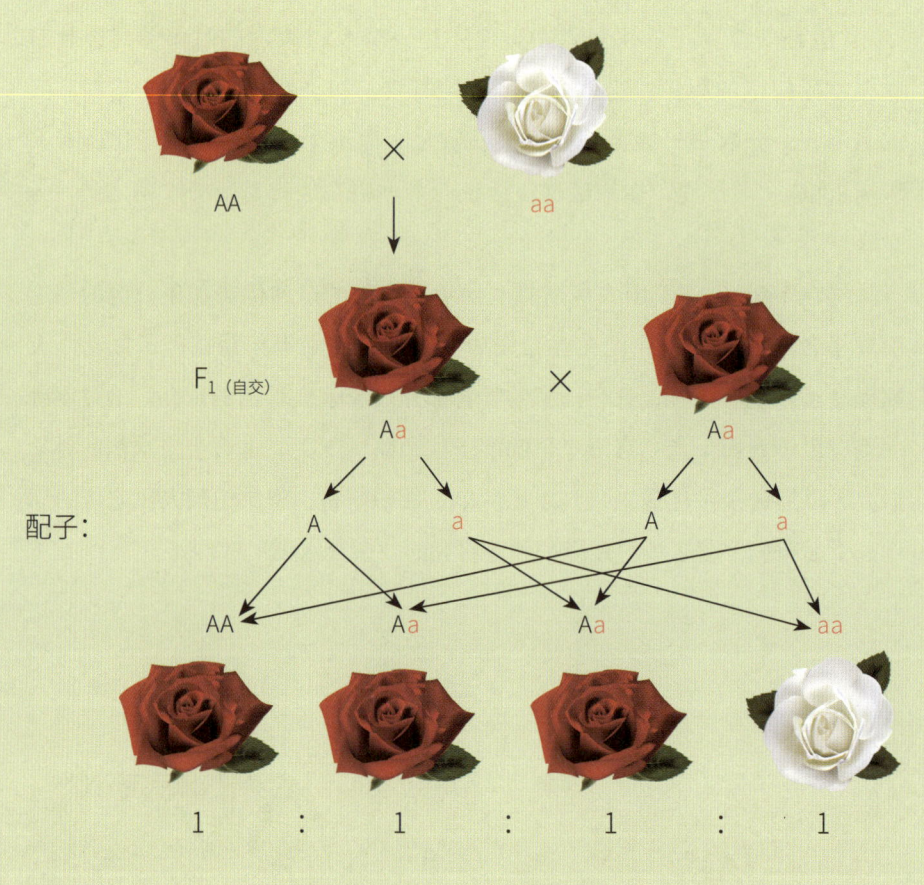

图 4.1 孟德尔遗传定律图示

## 方法与步骤

### 1. 调查水稻的高产性状

任何生物都有许多性状，有的是形态特征，有的是生理特征，有的是行为方式，水稻的性状包括根、茎、叶和稻穗的特性。请你们通过调查，研究什么样的水稻单位面积产量高。

### 2. 探究性状分离定律

1960年，袁隆平在田里偶然发现一株特别的水稻。这株水稻穗大粒多，结实饱满，一看就是高产的品种。袁隆平把这株水稻的种子收藏起来，结果第二年种下后长出的稻子高的高、矮的矮，穗子也大小不一，无法用于大面积种植生产。袁隆平推测它是一株杂合子水稻，所以它的后代会出现性状分离的情况。请你们做个模拟实验来学习什么是性状分离。

#### 材料与工具

塑料罐2个、红色玻璃球100个、绿色玻璃球100个

#### 实验方法

（1）将两个罐子编上号，每个罐子里各放入50个红球和50个绿球，将球混合均匀；

（2）红球代表基因型A，绿球代表基因型a，两个罐子里的小球分别代表杂合子的雄配子和雌配子；

（3）分别从两个罐子里随机抓取一个小球放在一起，表示雌雄配子结合成的合子类型，记录下合子的基因型；

（4）基因型AA以及Aa的合子性状都为显性，而基因型aa的合子性状为隐形，计算杂合子自交后产生的后代中，显性性状和隐形性状的比例，填入表4.2中。

**科学记录**

表 4.2 性状分离模拟实验记录

年级：　　　班级：　　　记录人：　　　记录时间：

| 次数 | 显性性状 | | 隐形性状 |
|---|---|---|---|
| | AA | Aa | aa |
| 1 | | | |
| 2 | | | |
| 3 | | | |
| …… | | | |
| 100 | | | |
| 合计 | | | |
| 性状比例 | | | |

**3. 调查袁隆平的杂交水稻研究过程**

　　袁隆平发现的天然杂交稻坚定了他研究杂交水稻的信心。1973年，世界上第一株"三系"杂交水稻育成了，将水稻产量从每亩300千克提高到了每亩500千克以上。从1960年到1973年，袁隆平和他的团队都做了哪些研究？请你们通过调查，将调查结果用大事记的方式记录下来。

### 4. 了解更多科学家的故事

除了袁隆平外，中国还有数不清的科学家为粮食增产做出了贡献，如"中国半矮秆水稻之父"黄耀祥，"中国紧凑型杂交玉米之父"李登海，光敏感核不育水稻发现者石明松等。请你们收集为中国农业发展做出杰出贡献的科学家的资料，了解他们的事迹，学习他们的科学精神。

## 交流与表达

通过对袁隆平与其他科学家事迹的调查，你们感受到了这些科学家的什么精神？请同学们以"我眼中的科学家"为题召开一次主题班会，分享你们想向他们学习什么样的科学精神。还可以举办一次科学家故事展览，或者前往社区进行演讲，传播科学精神。

## 任务三 农业 4.0 时代

粮食产量的多寡取决于三个因素：耕地面积、技术水平、气候条件。从长期来看，耕地面积的总量是有限的，而气候条件又几乎不可能以人类的意愿而变化。因此，排除耕地面积和气候条件因素，技术突破成为粮食增产的最有力武器。本活动我们将去调查和了解中国农业的发展历程，纵观中国农业从 1.0 时代向 4.0 时代的转变过程。

### 科学工具箱

**中国农业发展的四个阶段**

**农业 1.0 时代** 人力与畜力为主的传统农业时代。人们根据经验来判断农时，利用简单的工具和畜力来耕种，生产规模较小，抵御自然灾害能力差，农业生产效率低（图 4.2）。农业 1.0 时代在我国延续的时间极其漫长，从几千年前一直延续到改革开放后的第一个十年。*

图 4.2　农业 1.0 时代

---

\* 节选自：李道亮. 农业 4.0——即将来临的智能农业时代. 北京：机械工业出版社出版，2018.

**农业 2.0 时代** 以机械化生产为主、适度经营的"种植大户"时代。人们运用先进的农业机械代替人力、畜力，将落后低效的传统生产方式转变为先进高效的大规模生产方式，大幅提高了农业生产力水平（图 4.3）。目前，我国农业机械化率已经突破 70%（70% 的覆盖率即视为完成），也就是说我国的农业 2.0 已实现。*

图 4.3　农业 2.0 时代

**农业 3.0 时代** 随着计算机、电子及通信技术的发展，农业进入了自动化时代。农业 3.0 时代，以现代信息技术的应用和局部生产作业自动化为主要特征（图 4.4）。与机械化农业相比，自动化程度更高，资源利用率、土地产出率、劳动生产率更高。目前，农业 3.0 已经在我国萌芽，预计 2050 年即可完成 70% 的覆盖率。

图 4.4　农业 3.0 时代

﹡ 节选自：李道亮. 农业 4.0——即将来临的智能农业时代. 北京：机械工业出版社出版，2018.

**农业 4.0 时代**　农业通过网络、信息等进行资源软整合，在大数据、云计算、互联网、机器人基础之上形成全链条、全产业、全过程的无人系统，以智能化为特征（图 4.5）。农业 4.0 是现代农业的高级阶段，对现代信息技术的应用不仅体现在农业生产环节，还会渗透到农业经营、管理及服务等农业产业链的各个环节。目前，在我国的有的区域，农业 4.0 时代已经悄然来临。

图 4.5　农业 4.0 时代

## 方法与步骤

### 1. 了解中国农业的发展历程

请你阅读科学工具箱，总结一下中国的农业发展历经了哪几个阶段？每一个阶段有什么特征？与之相对应的生产技术是什么？

### 2. 实地考察家乡农业生产技术水平

你们家乡的农业生产处于哪一个阶段？采用了哪些先进的生产技术？请你们前往粮食种植地进行实地调查，咨询当地的种植人员或相关技术人员。重点考察这些先进的工具或技术对比之前有了哪些方面的进步。可以从人力、效率和产量等方面进行考察。可以拍摄一段微视频进行讲解。

## 交流与表达

经过对中国农业发展过程的调查，你有哪些体会？你是否为中国科技的迅猛发展而感到自豪？你对即将来临的农业4.0时代有哪些展望和期许，可以与小组成员一同交流与分享。

## 拓展任务

### 智能农业箱

对比传统农业，智能农业的灌溉和施肥不需要人工劳作，而由水肥一体化灌溉系统精准完成，还可以比传统农业灌溉节水70%~80%；智能农业还能将传统农业的耕地、收割、晒谷、加工等全程实现机械自动化。请你们查阅资料，搜集关于智能农业的信息，利用传感器、单片机等零件，搭建一个智能农业箱，来模拟一种智能农业体系，实现作物种植的智能管理。

#### 材料与工具

单片机、水分传感器、照度计、温度传感器、电子屏、紫外线灯、滴灌设施、育苗盆、保温箱、导线

#### 科学记录

年级：　　　　班级：　　　　记录人：　　　　记录时间：

我们的设计想法：

## 活动五 粮食危机与安全

"粮食安全"是 20 世纪 70 年代初期提出的，当时正值世界性粮食危机时期。半个世纪过去了，如今人们解决粮食危机了吗？2015 年 9 月 25 日，联合国可持续发展峰会在纽约总部召开，正式通过 17 个可持续发展目标。其中，第二项可持续目标就是"消除饥饿，实现粮食安全、改善营养和促进可持续农业。"看来人类要完全实现粮食安全还有一段路要走。

粮食安全既是重要的经济问题，也是重要的政治问题。粮食是生活必需品，也是商品；粮食是外交工具，也是国家竞争的有力武器。因此粮食作为一种战略资源，确保粮食供应的基本自给是我国一贯的政策主张。目前来看，我国的粮食安全还面临哪些挑战？在世界粮食贸易稳步增长的态势下，要不要扩大我国的粮食贸易？本活动就让我们来聚焦粮食贸易与经济，了解在全球视野下粮食生产和贸易作为重要的资源对社会、国家的影响。

### 活动目标

**小学**

- 知道人类并没有完全战胜饥饿，世界上还有很多人处于饥饿状态；
- 初步掌握收集、整理和运用信息的能力，简要讨论我国是否存在粮食危机问题；
- 关注世界饥饿问题。

**中学**

- 学会收集、整理和运用信息的方法，调查全世界的饥饿人口情况；
- 了解我国粮食安全面临的挑战是什么；
- 学会批判性思维，能从不同角度简要分析粮食贸易的利与弊。

## 任务一 粮食危机会来临吗

1995年，美国世界观察研究所所长莱斯特·布朗出版了《谁来养活中国》一书。书中预言，中国因逐渐地人口增长和耕地减少，会在1990—2030年遇到粮食短缺的危机。26年过去了，布朗的预言有没有变成现实？让我们去看看统计数据吧。

**方法与步骤**

**1. 调查我国粮食产量与人均粮食占有量**

请你们通过网络搜索、图书资料阅览等方式，调查我国近5年的粮食产量与人均粮食占有量，将数据填在表5.1中。

## 科学记录

表 5.1　中国粮食产量调查表

年级：　　　　班级：　　　　记录人：　　　　记录时间：

| 年份 / 年 | 年产量 / 吨 | 总人口 / 人 | 人均占有量 / 吨 / 人 |
|---|---|---|---|
| 2017 | | | |
| 2018 | | | |
| 2019 | | | |
| 2020 | | | |
| 2021 | | | |

请你们将调查出的我国人均粮食占有量，与联合国规定的粮食安全线（人均 400 千克）进行比较，分析我国是否会出现粮食危机。

我的结论：

节约粮食

## 2. 调查我国粮食安全可能面临的挑战

通过上一环节的调查可以看出，我国目前并没有发生粮食危机的风险，那未来情况会如何？请你们进一步调查我国粮食安全可能面临的挑战有哪些，将结果填在表 5.2 中。

### 科学记录

**表 5.2　中国粮食安全可能面临的挑战**

年级：　　　班级：　　　记录人：　　　记录时间：

| 序号 | 挑战 | 原因 | 解决方法 |
| --- | --- | --- | --- |
| 1 | 耕地减少 | 我国正处于工业化中后期和城镇化快速发展时期，经济建设不可避免地要占用耕地 | 发展农业技术，使原先不适宜种植的土地转化为耕地，或推广无土栽培技术，以及增加单位面积粮食产量 |
| 2 |  |  |  |
| 3 |  |  |  |
| 4 |  |  |  |
| …… |  |  |  |

### 交流与表达

经过对中国是否存在粮食危机的调查与分析，同学们对粮食危机与粮食安全是否有了更深刻的体会？请与各调查小组分享你们的调查结果。还可以前往社区，调查普通居民对中国粮食危机与粮食安全的态度，调查人们是否担心粮食危机的到来。

**科学资料**

### 粮食产量是怎样统计出来的

1989年以前,我国主要靠全面报表取得全国粮食产量数据。1989年以后,我国按照国际通行做法,采用抽样调查获得数据。

国家统计局在全国800多个县设立了调查队,约占全国总县数的1/3。采用卫星遥感技术对粮食的种植面积进行扫描,得出比较准确的种植面积数据。然后,由分布在800多个县的调查队现场采样。以小麦为例,在小麦成熟季节,每个县随机抽出各乡一个村一块地的1平方米面积。组织人进行收割,在晾晒或烘干达到标准后进行称重。包括干粒重、总重量等指标。然后,将数据输入数学模型中,即可计算出全国小麦的产量。也就是用800平方米的面积实际产量作样本,计算出全国的总产量。

## 任务二 全球饥饿人口调查

通过上一环节的调查，我们了解了中国已经基本战胜了粮食危机。如果我们再放眼全世界，还有多少人口在忍受饥饿？请你通过查找资料等方式，调查全球的粮食危机情况，分析产生的原因。

### 科学工具箱

**《世界粮食安全和营养状况》**

联合国世界粮食计划署（WFP）由联合国和联合国粮食及农业组织（粮农组织）合办，是联合国负责多边粮食援助的机构。该组织的宗旨是以粮食为手段帮助受援国在粮农方面达到生产自救和粮食自给。2020年10月9日，该署因努力消除饥饿，为改善受冲突影响地区的和平条件所做的贡献，以及在防止将饥饿用作战争和冲突武器的努力中发挥的推动作用，获得2020年诺贝尔和平奖。

同学们可以登录联合国世界粮食计划署的中文官方网站，从发布的2020年《世界粮食安全和营养状况》中，获得世界各地饥饿人口的相关数据（图5.1）。《世界粮食安全和营养状况》持续追踪消除饥饿和营养不良方面相关进展，是该领域最权威的全球研究报告，由粮农组织、国际农业发展基金（农发基金）、联合国儿童基金会（儿基会）、联合国世界粮食计划署（粮食署）和世界卫生组织（世卫组织）联手编写。

节约粮食

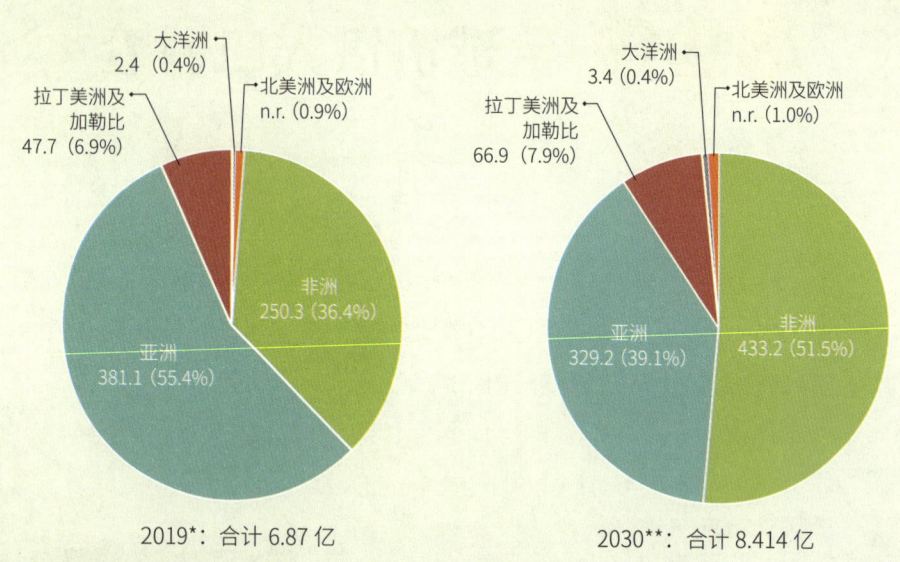

**2019\***：合计 6.87 亿
- 大洋洲 2.4 (0.4%)
- 北美洲及欧洲 n.r. (0.9%)
- 拉丁美洲及加勒比 47.7 (6.9%)
- 非洲 250.3 (36.4%)
- 亚洲 381.1 (55.4%)

**2030\*\***：合计 8.414 亿
- 大洋洲 3.4 (0.4%)
- 北美洲及欧洲 n.r. (1.0%)
- 拉丁美洲及加勒比 66.9 (7.9%)
- 非洲 433.2 (51.5%)
- 亚洲 329.2 (39.1%)

注：食物不足人数单位：百万。\* 预测值。\*\* 未考虑 COVID-19 大流行可能带来的影响。n.r. = 未报告，因为发生率低于 2.5%。
资料来源：粮农组织。

图 5.1　2020 年《世界粮食安全和营养状况》中对饥饿人口的调查数据

2021 年 7 月 12 日，联合国发布的一份报告《疫情肆虐一年有余，全球饥饿人数激增》中也有对世界饥饿状况的分析。在世界卫生组织的网站上还可获得最新的 2021 年《世界粮食安全和营养状况》。

## 方法与步骤

### 1. 调查全球饥饿人口分布

请你们通过网络搜索、图书资料阅览等方式，调查全球饥饿人口分布情况，填写表 5.3。

**科学记录**

表5.3 全球饥饿人口分布统计表

年级： 班级： 记录人： 记录时间：

| 区　域 | 饥饿人口数量/人 | 主要国家 |
|---|---|---|
| 亚洲 | | |
| 非洲 | | |
| 拉丁美洲及加勒比地区 | | |
| 大洋洲 | | |
| 北美洲及欧洲 | | |
| 总计 | | —— |

**2. 分析饥饿人口产生的原因**

请你们通过网络搜索、图书资料阅览等方式，选择世界上 1~2 个国家或地区，分析产生饥饿人口的原因，写一篇简要说明。

活动五　粮食危机与安全

55

节约粮食

**交流与表达**

通过对全世界饥饿人口分布的调查与分析，同学们一定深有感触！你们可以以手抄报的方式，分享各小组的调查结果，还可以将手抄报张贴在社区宣传栏中，让更多的人了解到人类并没有完全战胜饥饿，还有很多人面临中度或重度粮食不安全的危险，呼吁人们节约粮食、珍惜粮食。

## 任务三 粮食安全与国际贸易

随着全球粮食贸易的增长以及我国改革开放的步伐，中国的粮食生产状况和国际贸易环境发生了很大变化。本活动就让我们调查中国的粮食贸易发展情况，并尝试分析粮食贸易的利和弊。

### 科学工具箱

**SWOT 分析法**

SWOT 分析法（图 5.2，也称 TOWS 分析法、道斯矩阵），其中 S（strengths）是优势、W（weaknesses）是劣势、O（opportunities）是机会或机遇、T（threats）是威胁或者说是风险、挑战。此分析法经常用于企业战略制定、竞争对手分析等场合。就是将与研究对象密切相关的各种主要内部优势、劣势和外部的机会和威胁等，通过调查列举出来，并依照矩阵形式排列，然后用系统分析的思想，把各种因素相互匹配起来加以分析，从中得出一系列相应的结论。而结论通常带有一定的决策性。运用这种方法，可以对研究对象所处的情景进行全面、系统、准确的研究，从而根据研究结果制定相应的发展战略、计划以及对策等。

| SWOT | 优势 S<br>1. 列出优势<br>2.<br>3. | 劣势 W<br>1. 列出劣势<br>2.<br>3. |
|---|---|---|
| 机会 O<br>1. 列出机会<br>2.<br>3. | SO 战略<br>1. 发展优势<br>2. 利用机会<br>3. | WO 战略<br>1. 克服劣势<br>2. 利用机会<br>3. |
| 威胁 T<br>1. 列出威胁<br>2.<br>3. | ST 战略<br>1. 利用优势<br>2. 回避威胁<br>3. | WT 战略<br>1. 减少劣势<br>2. 回避威胁<br>3. |

图 5.2  SWOT 分析法

比如，学生A现在面临一个选择：有两门他感兴趣的选修课（编程课和厨艺课），但不知道应该选哪一门，这时就可以利用SWOT分析法进行分析，见图5.3。

| 编程课的SWOT分析表 ||| 
|---|---|---|
| 内部条件 | 优势 | 劣势 |
| | 授课老师专业性强，学习收获多，还能锻炼逻辑思维 | 上课比较枯燥，活动形式单一 |
| 外部条件 | 机会 | 风险 |
| | 我有编程基础，上这个课应该比较得心应手；<br>年底学校会组织一场编程竞赛，这个课程或许能帮到我 | 报名的人数较多，竞争激烈，有可能报不上 |

（a）

| 厨艺课的SWOT分析表 |||
|---|---|---|
| 内部条件 | 优势 | 劣势 |
| | 活动趣味性强，做成美食后成就感高，还能顺带品尝美食 | 对于提升学业成绩没有太大作用 |
| 外部条件 | 机会 | 风险 |
| | 我一直想做一次创意美食直播，这个课程或许能帮助我实现这个愿望 | 如果被朋友知道我报了厨艺课，有可能会被嘲笑 |

（b）

| 综合分析结果 |
|---|
| 从SWOT分析表上看，选择上编程课可以提升我的专业成绩，还可以帮助我应对年底想参加的编程比赛，至于报名的人数多这个风险我自己无法控制所以不需要太在意。<br>我可以先报名编程课，如果编程课没有成功报上，我再报名厨艺课，能够实现我进行创意美食直播的愿望，即使被朋友嘲笑也没有关系，说不定他们在品尝了我的创意美食后还会对我刮目相看呢！ |

（c）

图5.3 SWOT分析法示例

**方法与步骤**

**1. 调查我国的粮食出口量**

请你们调查中国近 10 年来粮食出口的情况，并填写表 5.4。

**科学记录**

表 5.4　中国粮食出口情况调查表

年级：　　　　班级：　　　　记录人：　　　　记录时间：

| 年份 / 年 | 出口总量 / 吨 | 出口粮食种类 | 出口最多的粮食 |
| --- | --- | --- | --- |
| 2012 | | | |
| 2013 | | | |
| 2014 | | | |
| 2015 | | | |
| 2016 | | | |
| 2017 | | | |
| 2018 | | | |
| 2019 | | | |
| 2020 | | | |
| 2021 | | | |

我的发现：

活动五　粮食危机与安全

## 2. 调查我国的粮食进口量

请你们调查中国近 10 年来粮食进口的情况，并填写表 5.5。

**科学记录**

表 5.5　中国粮食进口情况调查表

年级：　　　班级：　　　记录人：　　　记录时间：

| 年份 / 年 | 进口总量 / 吨 | 进口粮食种类 | 进口最多的粮食 |
| --- | --- | --- | --- |
| 2012 | | | |
| 2013 | | | |
| 2014 | | | |
| 2015 | | | |
| 2016 | | | |
| 2017 | | | |
| 2018 | | | |
| 2019 | | | |
| 2020 | | | |
| 2021 | | | |

我的发现：

### 3. 分析优势与劣势

"在全球粮食贸易呈现稳步增长态势的情形下，要不要扩大我国的粮食贸易？"面对这个问题存在两种不同的观点：一种观点认为不应该扩大，因为对国际粮食市场的依赖度增加会影响我国的粮食安全；另一种观点认为应该扩大，因为扩大对国际粮食市场的利用，可以提升粮食供给结构的合理程度，可以在不影响粮食安全保障水平的情况下提高粮食安全供给效率。

扩大粮食贸易究竟是机会还是风险？请你们通过"科学工具箱"中提到的SWOT分析法来分析粮食贸易与粮食自给的优势和劣势，以及外部环境的机会及风险。将你们的调查过程和分析结果采用PPT的方式呈现出来。

## 交流与表达

经过对中国粮食贸易情况的调查与分析，你们应该有了自己的想法与观点。小组之间可以围绕"粮食贸易的利与弊"主题进行辩论，发表各自的观点。最后，对于我国新的粮食安全战略"集中国内资源保重点，做到谷物基本自给、口粮绝对安全，在此基础上可以适度进口"，谈谈你们是如何理解。

策划：姜景一　曹艳磊
编写：叶　艳　叶兆宁
支持：于衍霞　魏秀菊